## Energieausweise für Nichtwohngebäude — 83
- Grundsätzliches zum Energieausweis — 84
- Wann ist ein Energieausweis nötig? — 84
- Der große Unterschied: Bedarfs- und Verbrauchsausweise — 90
- Ab wann gilt die Ausweispflicht? — 93
- Bereits ausgestellte Ausweise — 94
- Modernisierungsempfehlungen — 95
- Wer stellt Energieausweise für Nichtwohngebäude aus? — 96
- Welche Schlüsse kann man aus dem Energieausweis ziehen? — 97

## Durchführung der neuen Regeln — 113
- Zuständig: Die Länder — 114
- Das führt zu Bußgeldern — 115

- Ansprechpartner — 118
- Nützliche Internetadressen — 122
- Stichwortverzeichnis — 124

# Vorwort

Die Versorgung mit Energie und die effiziente Energienutzung sind weltweit zu einem Topthema geworden. Besonders die Klimadebatten, aber auch steigende Energiepreise oder Unsicherheiten auf den Rohstoffmärkten haben dies maßgeblich bewirkt.

Rund ein Drittel des Energieverbrauchs in Deutschland hängt mit der Beheizung und Warmwasserbereitung in Gebäuden zusammen. Betriebskosten bei Wohnungen werden mehr und mehr zur Belastung für Mieter und Eigentümer. Der Energiebedarf von Gebäuden soll deshalb gezügelt werden.

Doch wie erkennt man am Immobilienmarkt Gebäude mit hohem Energiebedarf? Energieausweise sollen hier mehr Klarheit schaffen. Die neue Energieeinsparverordnung regelt die Ausstellung dieser Ausweise.

Im Gegensatz zu Haushaltsgeräten werden nach den neuen Vorschriften aber nicht nur neue Häuser mit einem Energielabel versehen, sondern auch alte. Verschiedene Methoden und vielerlei Daten machen den Erkenntnisgewinn in Sachen Energieeffizienz im Gebäudebereich nicht leicht.
Der TaschenGuide soll dabei helfen, die Welt der Energieeffizienz von Gebäuden besser zu verstehen.

*Hans-Dieter Hegner*

# Wozu werden Energieausweise benötigt?

Energie wird teurer – das ist Fakt. Umso wichtiger wird es für den Verbraucher „Energiefresser" im Umfeld zu erkennen. Viele elektrische Geräte sind daher bereits mit einem so genannten Energielabel ausgestattet. Diese Plakette macht bevorstehende Energiekosten transparent, indem sie die Energieeffizienz des Gerätes ausweist. Ab dem 1. Oktober 2007 wird ein solches Verfahren auch für Gebäude eingeführt.

Im folgenden Kapitel lesen Sie,

- was ein Energieausweis genau ist (S. 6 ff.),
- warum er eingeführt wurde (S. 9 ff.),
- auf welchen Vorschriften er beruht (S. 16 f.) und
- welche Arten von Energieausweisen es gibt (S. 19 ff.)

# Was ist ein Energieausweis?

Informationen über die Energieeffizienz von Gebäuden und damit zu den zu erwartenden Energiekosten sind bisher schwierig zu bekommen bzw. sie sind kaum aussagekräftig.

Man hört von Niedrigenergiehäusern, Niedrigstenergiehäusern, Ultra-Energiehäusern, Synergiehäusern, Passivhäusern, 3-Liter-Häusern und man versteht in der Regel „nur Bahnhof". Aussagen zur Energieeffizienz bekommt man in der Regel keine und damit auch keinen Überblick, welche Energiekosten „drohen".

Man mietet eine Wohnung und bekommt einen Mietvertrag. Informationen zur Energieeffizienz des Gebäudes, in das man einzieht, werden im Allgemeinen nicht gegeben. Eigentlich ist es unverständlich, dass bei kleinsten Konsumgütern eine wahre Informationsflut zum Energiebedarf herrscht, während man bei millionenschweren Immobilienobjekten gerade einmal den Schlüssel fürs Haus erhält.

## Neutrale Energiedaten

Natürlich kann man sich Informationen über die Betriebskosten des Vormieters oder Vorbesitzers beschaffen. Was sie taugen, ist oft ungewiss. Besser sind objektive Daten, wie sie jetzt auf gesetzlicher Grundlage vorzuhalten sind. Die am 1. Oktober 2007 in Kraft tretende neue Energieeinsparverordnung soll mit der bisherigen Praxis unzureichender Informationen Schluss machen.

Die neue Energieeinsparverordnung (kurz: EnEV 2007) regelt jetzt die Ausstellung von Energieausweisen. Sie sollen über die energetische Qualität von Gebäuden informieren und Hinweise für mögliche Verbesserungen geben.

## Beispiel

Hans und Gitta Meier sind Bauherren eines gerade im Bau befindlichen Mehrfamilienhauses. Noch ist nicht klar, ob sie die Wohnungen im Haus vermieten oder verkaufen wollen. Brauchen die Meiers einen Energieausweis? Wie kommen sie an einen Energieausweis?

Der Energieausweis für Neubauten ist Pflicht. Egal, ob die Meiers ihre Wohnungen verkaufen oder vermieten wollen: Sie müssen den Interessenten einen solchen Ausweis vorlegen können. Der Energieausweis soll alle Informationen enthalten, die zur Beurteilung der Energieeffizienz eines Gebäudes maßgeblich sind. Selbst erstellen können die Meiers den Ausweis jedoch nicht, sie können ihn über ihren Architekten beauftragen. Er stellt den Ausweis selbst aus oder schaltet Fachleute ein, welche die notwendigen Daten berechnen und sie in das dafür vorgesehene vierseitige Energieausweis-Formular eintragen. Der Energieausweis wird für das gesamte Gebäude ausgestellt und nicht nur für einzelne Wohnungen.

> Energieausweise informieren lediglich über die Energieeffizienz eines Gebäudes. Sie stellen keine Aufforderung zu baulichen Maßnahmen dar.

Anders als bei Konsumgütern, wo Energielabels nur für Neu- aber nicht für Gebrauchtwaren bestehen, werden sie im Gebäudebereich etappenweise auch für Altbauten eingeführt. Was dies in der Praxis bedeutet, zeigt folgendes Beispiel.

## Beispiel

Olaf und Heike Müller sind Eigentümer eines Hauses, das 1905 gebaut und bisher nur einmal in den Siebziger Jahren teilweise modernisiert wurde. Schon lange tragen sie sich mit dem Gedanken, ihre Immobilie entweder jetzt grundlegend zu sanieren, sie ganz zu verkaufen oder sie gewinnbringend zu vermieten. Müssen sich die Müllers einen Energieausweis ausstellen lassen?

Ab dem 1. Juli 2008 sind Energieausweise auch für Altbauten von vor 1965 ein Muss (für Neubauten sind sie dies jetzt schon). Verkaufen oder vermieten die Müllers das Haus, müssen sie ab diesem Datum Kauf- oder Mietinteressenten einen solchen Ausweis vorlegen können. Die Interessenten sollen so in die Lage versetzt werden, die Energieeffizienz von Immobilien zu vergleichen – ein legitimes Interesse, da die Energiekosten einen nicht unbeträchtlichen Teil der Wohnkosten ausmachen.

Entschließen sich die Müllers zur Modernisierung, so hat der notwendige Energieausweis einen Nutzen, der ihnen direkt zu Gute kommt: Er gibt ihnen Aufschluss darüber, in welchem Zustand sich das Gebäude in punkto Energiebedarf bzw. -verbrauch befindet und ob eine Sanierung wirklich nötig ist. Da der Energieausweis von Energie-Profis erstellt wird, haben die Müllers mit dem Ausweis bereits eine Basis für die Modernisierung geschaffen. Der Energieausweis ist mit seinen Grunddaten und seinen Modernisierungsempfehlungen eine relativ preiswerte Energie-Erstberatung.

## Energieausweise – Information für den Markt

Die Energieausweise können damit indirekt ein Druckmittel am Immobilienmarkt sein. Energetisch minderwertige Immobilien mit hohen Energiekosten können ggf. schwerer vermittelt werden. Eine zugesicherte Eigenschaft, d.h. eine Eigenschaft, für die der Eigentümer ggf. haftet, kann aus dem

Energieausweis aber nicht abgeleitet werden. Der Ausweis soll eine Orientierung über energetische Qualität geben, sichert aber keinen Energiebedarf zu. Das heißt, eine Haftung für einen bestimmten Energiebedarf gegenüber dem Mieter bzw. Käufer wird durch den Energieausweis nicht begründet. Das Miet- und Kaufrecht ist in diesem Zusammenhang nicht berührt.

Es ist zu beachten, dass der gesetzlich eingeführte Energieausweis auf der Grundlage der EnEV 2007 ausgestellt wird. So genannte „Energiepässe", „Energiezertifikate" oder „Energielabels" wurden auch bisher aus werblichen Gründen in unterschiedlichster Art und Weise freiwillig angeboten. Die darin angebotenen Informationen stimmen nicht immer mit den nunmehr geregelten Energieausweisen überein.

Für einige der alten „Energiepässe" gibt es jedoch in der EnEV 2007 Übergangsregelungen zur Fortgeltung.

# Warum gibt es Energieausweise? – Der Hintergrund

Aufgrund der globalen wirtschaftlichen Entwicklung haben sich die Rohölweltmarktpreise in den letzten sechs Jahren überproportional erhöht. Der durchschnittliche Ölpreis von 17,44 $/Barrel im Jahre 1999 hat sich im Jahr 2006 auf ein Hoch von 61,08 $/Barrel geschraubt (im Juli 2007 ca. 78 $/Barrel). Die internationalen Rohölpreise entwickeln sich aufgrund von weltweit gestiegener Nachfrage, knappen Produktionskapazitäten, vereinzelten Produktionsausfällen und unsicheren Erwartungen nach wie vor nach oben. Diese Entwicklung auf dem Ölmarkt wirkt sich nicht nur an den Tankstellen und im Heizölhandel aus, sondern auch auf den Kohlen- und Gasmärkten.

Hinzu kommt, dass in Deutschland in den letzten Jahren die Steuern auf Ölprodukte, Gas und Strom angehoben worden sind. Aus umweltökonomischer Sicht sollen Erschwernisse des Energieverbrauchs dazu dienen, vor allem den Ausstoß von Kohlendioxid gemäß den internationalen und europäischen Vereinbarungen zu senken.

Unter diesen Bedingungen wachsen auch die Energiepreise in Deutschland in letzter Zeit besonders rasch. Das betrifft insbesondere die privaten Haushalte, die im Gegensatz zur Industrie stärker belastet werden, da sie nicht über die Sonderkonditionen der Großkunden verfügen.

**Bild 1: Jährliche Ausgaben für Energie pro Haushalt in Deutschland (in EUR)**

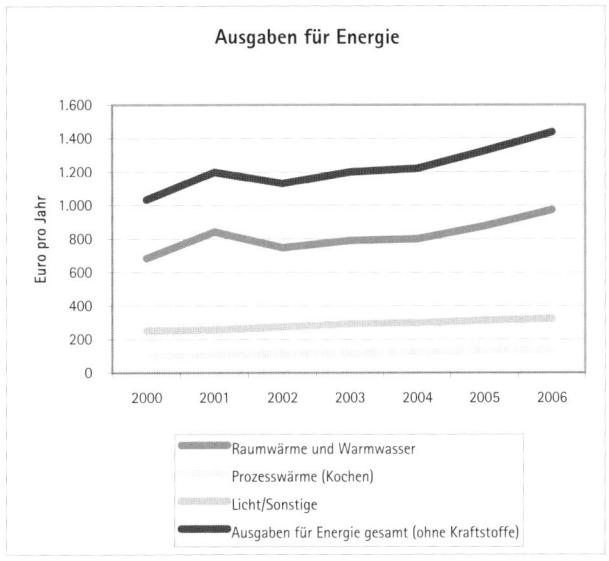

*Quellen: Bundesministerium für Wirtschaft und Technologie, Arbeitsgemeinschaft Energiebilanzen, Deutsches Institut für Wirtschaftsforschung, Statistisches Bundesamt, Verband der Elektrizitätswirtschaft Projektgruppe „Nutzenergiebilanzen"*

## Heizkosten steigen

Während der durchschnittliche deutsche Haushalt für die Raumheizung im Jahre 1999 rund 605 EUR ausgab, musste er im Jahre 2006 bereits 962 EUR berappen. Das ist immerhin eine Steigerung von ca. 60%. Nirgendwo sind die Lebenshaltungskosten so kräftig gestiegen wie bei den Kosten für Heizung und Warmwasser. Im Mieterland Deutschland (rund 65% aller Wohnungen sind vermietet) ist die so genannte Nettokaltmiete (Miete ohne Betriebskosten) im Zeitraum von Mitte 2000 bis zur Jahresmitte 2007 um ca. 7% gestiegen. Die warmen Betriebskosten (Heizkosten) stiegen im gleichen Zeitraum um 47% (siehe Bild 2). Das heißt, die so genannte „zweite Miete" wird immer mehr zu einem entscheidenden Kriterium für die Anmietung oder den Kauf einer Immobilie oder Wohnung.

**Bild 2: Entwicklung der Kosten für das Wohnen (Preisindex für Verbraucherpreise: Basisjahr 2000 = 100)**

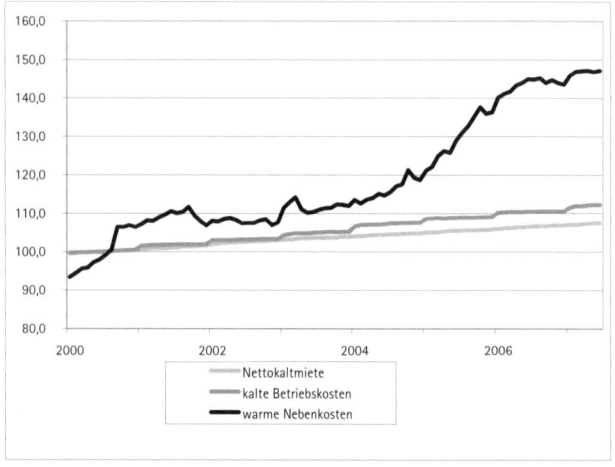

*Quelle: Statistisches Bundesamt, Fachserie 17, Reihe 7, Verbraucherpreisindex*

# Die Lage bleibt angespannt

Die Hoffnung auf eine Trendumkehr ist vergebens. Vielmehr muss mit einer weiteren Erhöhung der Energiepreise gerechnet werden. Damit derartige stetig wachsende Kosten nicht zu einer Geißel werden, muss (und kann) der Energieverbrauch bei Gebäuden ohne Komforteinbußen gesenkt werden.

Entscheidend dafür sind

- die energetische Qualität der baulichen Hülle des Gebäudes (d.h. insbesondere die wärmedämmenden Eigenschaften),
- die effiziente Wärmebereitstellung,
- die Nutzung von erneuerbaren Energien und
- ein sinnvolles Verhalten.

Während man letzteres selbst gut in der Hand hat, ist man bei den anderen Kriterien vom Gebäude und seiner Anlagentechnik abhängig. Bei einem Neubau kann man sich sehr einfach an den vorgeschriebenen gesetzlichen Regelungen oder noch besser am technischen Fortschritt orientieren.

# Zukunftsgerechtes Bauen (Neubau)

- Wer ein zukunftsgerechtes Haus hinsichtlich des Energiebedarfs haben will, der kann sich bereits heute ein „Null-Heizenergiehaus" bauen oder vom Fertighaushersteller liefern lassen. In einem derartigen Haus wird keine konventionelle Energie mehr für die Heizung benötigt. So ein Haus wird durch die im Sommer aufgenommene Solarenergie beheizt. Dazu sind große Warmwassertanks nötig. Solche Häuser sind technisch möglich, auch am Markt verfügbar, aber auch bei den derzeitigen Energiepreisen noch nicht wirtschaftlich.

- Eher sinnvoll sind so genannte „Passivhäuser". Sie verfügen über einen besonders guten wärmeschutztechnischen Standard und eine Lüftungsanlage mit Wärmerückgewinnung. Der noch verbleibende Wärmebedarf des Gebäudes wird insbesondere über innere Wärmegewinne (z. B. Personen und Geräte) sowie durch einfallende Solarstrahlung gedeckt. Es wird noch eine geringe Zuheizung über die Lüftungsanlage benötigt. Eine konventionelle Heizungsanlage ist nicht notwendig.
- Normale Wohngebäude mit niedrigem Energiebedarf entsprechen der Energieeinsparverordnung. Sie haben einen Energiebedarf unter 120 kWh/(m²a). Der Bedarf ist abhängig von der Größe und der Kompaktheit des Gebäudes. Bei größeren Mehrfamilienhäusern liegt der Bedarf bei 70 kWh/(m²a).

## Beispiel

Die Größe „kWh" kann man einfach umrechnen. Der Bedarf von einer kWh/(m²a) entspricht in etwa einem Liter Heizöl pro m² und Jahr. Das bedeutet, dass ein modernes Mehrfamilienhaus rund 7 Liter Heizöl pro m² und Jahr benötigt. Das Passivhaus ist eher der „3-Liter-Klasse" zuzuordnen.

# Bestandsgebäude

Der Energiebedarf von bestehenden Gebäuden ist sehr unterschiedlich. Im Durchschnitt liegt er etwa doppelt so hoch wie beim Neubau: ca. 220 kWh/(m²K). Im Einzelfall kann es aber deutlich mehr sein. Gebäude mit 400 kWh/(m²a) sind keine Seltenheit. Eine derartiger „40-Liter-Bau" ist meilenweit entfernt von der heute bereits häufig gebauten „3-Liter-Klasse". Da hilft auch vorbildliches Verhalten wenig, um Energie zu sparen. Grund ist die oftmals energetisch unzureichende Bausubstanz. Fachwerkhäuser oder Sparbauweisen nach dem Krieg waren nicht auf „Energiesparkurs". Bei rund zwei Dritteln der Bausubstanz in Deutschland ist die energetische Qualität der Gebäude und ihrer Anlagentechnik gemessen an den heutigen Anforderungen mangelhaft. Hohe Betriebskosten sind das Resultat.

Wie aber kann man das ändern? In erster Linie durch die Modernisierung der Bausubstanz und der Anlagentechnik. Das ist auf lange Sicht hoch wirtschaftlich. Hier muss sich der Immobilienmarkt stärker als bisher entwickeln.

Gerade beim Abschluss eines neuen Mietvertrages oder in den Kaufverhandlungen für eine Immobilie sollte die energetische Qualität eine große Rolle spielen, da jahrelange Ausgaben für Betriebskosten folgen. Hier sollen die neuen gesetzlichen Regelungen helfen.

# Die rechtliche Basis des Energieausweises

- Das deutsche Energieeinsparrecht besteht aus
- dem Energieeinspargesetz,
- der Heizkostenverordnung und
- der Energieeinsparverordnung.

## Der Rahmen: Das Energieeinspargesetz

Das Energieeinspargesetz ermächtigt die Bundesregierung, Anforderungen an den baulichen Wärmeschutz und an Anlagen, die der Beheizung und Kühlung sowie der Herstellung von Brauchwarmwasser dienen, zu stellen. Die Anforderungen sind so zu stellen, dass sie nach dem Stand der Technik erfüllbar und wirtschaftlich vertretbar sind.

## Die Heizkostenverordnung

Die Heizkostenverordnung regelt die Erfassung und Verteilung von Heizkosten. Sie dient dazu, dass die Energiekosten dem Energieverbrauch der Benutzer Rechnung tragen.

## Die Energieeinsparverordnung

Die Energieeinsparverordnung regelt:

- die ganzheitliche Beurteilung der energetischen Effizienz von Gebäuden (Energiebilanz) für beheizte oder gekühlte Gebäude einschließlich der sich daraus ergebenden planerischen Vorgaben für den baulichen Wärmeschutz und den

Einbau von Heizungs-, Warmwasserbereitungs- und Lüftungsanlagen,
- die energetische Modernisierung und Nachrüstung im Gebäudebestand,
- die Aufrechterhaltung der energetischen Qualität von Gebäuden,
- die Inbetriebnahme von Heizkesseln,
- die Ausstattung von Verteilungseinrichtungen und Warmwasseranlagen,
- Informationen für den Verbraucher auf den oben genannten Gebieten.

Die Energieeinsparverordnung trat 2002 in Kraft und fasste die bis zu diesem Zeitpunkt bestehende Wärmeschutz- und Heizungsanlagenverordnung zusammen. Im Neubau sind die Anforderungen durch entsprechende Planungen umzusetzen. Dafür sorgen Architekten und Ingenieure.

Bei bestehenden Gebäuden bestehen zwar punktuell Nachrüstungspflichten, in der Regel schreibt auch die Energieeinsparverordnung nur dann Standards vor, wenn ohnehin umgebaut und modernisiert werden soll. Die Anforderungen können wie im Neubau über eine Energiebilanzierung nachgewiesen werden oder über energetische Qualitäten einzelner Bauteile.

## Das neue Energieeinsparrecht

Mit der Umsetzung der EG-Richtlinie 2002/91/EG über die Gesamtenergieeffizienz von Gebäuden in nationales Recht wurde in Deutschland das Energieeinsparrecht umfassend novelliert. Das Zweite Gesetz zur Änderung des Energieeinspargesetzes ist am 8.9.2005 in Kraft getreten. Auf dieser Grundlage hat die Bundesregierung die Energieeinsparverordnung 2007 (EnEV 2007) am 24.7.2007 beschlossen. Sie ist im Bundesgesetzblatt Teil I Nr. 24 vom 26.7.2007 veröffentlicht und tritt am 1.Oktober 2007 in Kraft. Viele Forderungen der EU-Richtlinie, wie z. B. nach nationalen Standards für die energetische Effizienz von Gebäuden im Neubau wie im Bestand, wurden mit der alten EnEV bereits umgesetzt. In mehreren Punkten geht die Richtlinie jedoch über die bisherigen nationalen Regelungen hinaus. Dies betrifft insbesondere:

- die Einbeziehung des Energiebedarfs in die Gesamtenergieeffizienzberechnung von Beleuchtung und Klimaanlagen im Nicht-Wohnbereich,
- die obligatorische Einführung von Energieausweisen für den Gebäudebestand (bei Verkauf und Vermietung),
- das Aushängen von „Energieplaketten" für öffentliche stark frequentierte Gebäude und
- die regelmäßige Inspektion von Klimaanlagen.

Zur notwendigen Integration der Energiebedarfsanteile „Beleuchtung" und „Klimaanlagen" in die Gesamtenergieeffizienzberechnung wurde das vorhandene technische Regelwerk umfangreich neu bearbeitet und angepasst. Wichtigste Änderung durch die EnEV 2007 ist die etappenweise Einführung von Energieausweisen auch für den Gebäudebestand.

# Zwei Arten von Energieausweisen: für Wohn- und Nichtwohngebäude

Die Bestimmungen der EnEV 2007 beziehen sich entweder auf Wohngebäude oder auf Nichtwohngebäude. Nichtwohngebäude sind Gebäude, die nicht zu Wohnzwecken, sondern genutzt werden als:

- Büros (Einzel-, Gruppen- oder Großraumbüros),
- Unterrichtsräume,
- Restaurants, Kantinen, Cafés,
- Sitzungsräume, Versammlungssäle,
- Ausstellungs- und Sporthallen,
- Lagerräume, Verkehrsflächen

und vieles mehr.

Das heißt auch, dass es zwei Arten von Energieausweisen gibt:

- für Wohngebäude
- für Nichtwohngebäude.

Sie sind ähnlich aber nicht gleich! Das ist auch notwendig, da bei Nichtwohngebäuden über Energieanteile zu informieren ist, die es bei Wohngebäuden nicht gibt oder die nur eine untergeordnete Rolle spielen. Der Energieausweis für Nichtwohngebäude informiert u.a. auch über den Energieanteil für die Klimatisierung oder die Beleuchtungssysteme.

## Der Spaltungsgrundsatz

Es sollen grundsätzlich getrennte Informationen zum Wohnen und zu den anderen Nutzungen bereitgestellt werden. Der Mieter einer Wohnung interessiert sich im Allgemeinen nicht für die Klimaanlage des Restaurants in seinem Haus.

> Das heißt, dass für gemischt genutzte Gebäude im Regelfall zwei Energieausweise ausgestellt werden müssen.

Das Gebäude wird dafür virtuell in zwei Teile zerschnitten.

Der EnEV 2007 liegt der Grundsatz zugrunde, dass die zu Wohn- oder Nichtwohnzwecken genutzten Teile von Gebäuden wie eigenständige Gebäude behandelt werden müssen. Der Spaltungsgrundsatz führt zur Ausstellung gesonderter Energieausweise für den Wohnanteil (einschließlich wohnähnlicher Nutzungen) und den Nichtwohnanteil eines Gebäudes. Dies sorgt für eine zielgenaue Information insbesondere von Mietinteressenten.

## Geschäftlich genutzte Wohnungen

Oft werden Wohnungen in einem Haus jedoch auch für andere Zwecke als für Wohnzwecke benutzt. Man findet hier Arztpraxen genauso wie Anwaltsbüros. Müssen auch dann unterschiedliche Energieausweise erstellt werden?

Soweit die Nichtwohnnutzung sich nach der Art der Nutzung und der gebäudetechnischen Ausstattung nicht wesentlich von der Wohnnutzung unterscheidet, wird das Gebäude auch als Wohngebäude behandelt.

## Beispiel

 Typische Fälle solcher wohnähnlichen Nutzungen sind freiberufliche Nutzungen, die üblicherweise in Wohnungen stattfinden können, und freiberufsähnliche gewerbliche Nutzungen, wie z. B. eine Kanzlei, Arztpraxis, Architekturbüro etc.

Dem oben beschriebenen Spaltungsgrundsatz unterliegen nur solche Nichtwohnnutzungen innerhalb eines Wohngebäudes, die nach der Art der Nutzung nicht wohnähnlich sind und zusätzlich sich auch bei der gebäudetechnischen Ausstattung (z. B. Belüftung, Klimatisierung) wesentlich von der Wohnnutzung unterscheiden.

## Beispiel

 Verkaufs- und Restauranträume sind in der Regel nicht wohnungsähnlich. Sie verfügen oftmals über eine Klimaanlage und von der Wohnung abweichende Beleuchtungssysteme. In der Regel haben sie auch größere Fenster als übliche Wohnungen.

Aber auch bei nicht wohnähnlichen Nutzungen kann man unter bestimmten Fällen von einer getrennten Ausstellung von Energieausweisen absehen. Das ist regelmäßig dann der Fall, wenn sich hinter der nicht wohnähnlichen Nutzung ein untergeordneter Energiebedarf verbirgt.

## Beispiel

 Der „Tante-Emma-Laden" in einem Wohnhaus führt noch nicht zu einem gesonderten Energieausweis für Nichtwohngebäude.

Umgekehrt gibt es auch „Bagatellfälle" von Wohnungen in Nichtwohngebäuden.

## Beispiel

 Die Hausmeisterwohnung in der Schule führt nicht zwangsläufig zu einem gesonderten Energieausweis für Wohngebäude.

Für beide Fälle gibt es eine Erheblichkeitsabschätzung.

# Energieausweise für Wohnungen?

Vielfach taucht die Frage auf, ob Energieausweise auch für einzelne Wohnungen ausgestellt werden können. Hintergrund: Der potenzielle Mieter interessiert sich für eine Wohnung, aber nicht für das ganze Haus. Die EnEV 2007 regelt, dass Energieausweise grundsätzlich für Gebäude ausgestellt werden müssen.

Eine Ausstellung für eine einzelne Wohnung ist nicht zulässig. Der im Energieausweis dargestellte Wert ist auf Quadratmeter Fläche bezogen und gilt für das gesamte Gebäude.

Die allgemeine Lebenserfahrung lehrt allerdings, dass eine Wohnung in einem Gebäude „mittendrin" mit wenig Außenfläche energetisch begünstigt ist. Bei einer Eckwohnung unter dem Dach mit viel wärmetauschender Hüllfläche kann ein höherer Energiebedarf erwartet werden. Die Gesamtbewertung des gesamten Hauses führt zu ausreichend objektiven Ergebnissen bei der Bewertung einer Immobilie.

# Energieausweise für Wohngebäude

Energieausweise für Wohngebäude sollen dem künftigen Eigentümer bzw. Mieter einer Immobilie anschaulich vor Augen führen, welche Energiekosten auf ihn zukommen. Der Gesetzgeber unterscheidet Energieausweise, die anhand des Verbrauchs und aufgrund des Bedarfs ermittelt werden.

In diesem Kapitel lesen Sie u.a.,

- für welche Fälle ein Energieausweis nötig ist (S. 24 ff.),
- was der Unterschied zwischen einem Bedarfs- und einem Verbrauchsausweis ist (S. 31 ff.),
- welche Aussagen zum Wohngebäude Sie einem Energieausweis entnehmen können (S. 42 ff.),
- wer die Ausweise ausstellen darf und wie viel sie kosten (S. 72 ff.),
- welche rechtlichen Konsequenzen die Einführung von Energieausweisen hat (S. 81 f.).

# Grundsätzliches zum Energieausweis

Die EnEV 2007 sieht vor, dass

- beim Bau,
- dem Verkauf und
- der Vermietung von Gebäuden

dem Eigentümer bzw. dem potenziellen Käufer oder Mieter vom Eigentümer ein Energieausweis vorgelegt wird.

Der Ausweis muss die Gesamtenergieeffizienz des betroffenen Wohngebäudes angeben und Referenzwerte, wie gültige Rechtsnormen und Vergleichskennwerte, enthalten, um den Verbrauchern einen Vergleich oder eine Beurteilung der Gesamtenergieeffizienz des Gebäudes zu ermöglichen.

> Bei Neubau-, Anbau- oder Umbaumaßnahmen ist der Energieausweis so auszustellen, dass er das fertig gestellte Gebäude abbildet. Die Praxis zeigt jedoch, dass in der Bauausführung oft von den Planungen abgewichen wird. Die Planungen müssen dann mit entsprechenden Nachträgen nachgeführt werden. Gibt der Energieausweis nur einen Planungsstand wieder und nicht die gebaute Wirklichkeit, ist er mangelhaft.

Der Besteller des Ausweises bzw. die Behörden können dann eine Nachbesserung fordern.

## Für welche Fälle wird ein Ausweis benötigt?

Die EnEV 2007 regelt, bei welcher Gelegenheit ein Energieausweis auszustellen ist. Gleichzeitig wird festgelegt, wer für die Ausstellung zu sorgen hat (wer von der Anforderung „belastet" ist) und wem der Energieausweis zusteht (wer von der Anforderung „begünstigt" ist). Folgende Fälle lassen sich unterscheiden:

| | Maßnahme | Zur Ausstellung verpflichtet | Kann den Energieausweis verlangen |
|---|---|---|---|
| 1. | Errichtung eines Gebäudes (Neubau) | Bauherr (auch Bauträger) | Eigentümer [1] |
| 2. | Verkauf eines Gebäudes, Wohn- oder Teileigentums | Verkäufer | Käufer |
| 3. | Neuvermietung eines Gebäudes oder einer Wohnung (Pacht oder Leasing sind gleich zu behandeln) | Vermieter (Verpächter, Leasinggeber) | Mieter (Pächter, Leasingnehmer) |

[1] Bauherr und Eigentümer können dieselbe Person sein. Der Bauherr überträgt die Einhaltung aller gesetzlichen Vorgaben bei Planung und Baudurchführung in der Regel dem Planer per Werkvertrag (z. B. Architektenvertrag). Dann muss der Planer den Energieausweis ausstellen. Generalunternehmer oder Generalübernehmer haben in der Regel mit dem Bauherrn nur einen Bauvertrag, der keine Planungsleistungen einschließt.

## Diese Fälle führen nicht zur Ausweispflicht

- Zwangsversteigerungen sind Eigentumsübergänge, die nicht zur Ausstellung eines Energieausweises führen, da sie besonderen gesetzlichen Regelungen unterliegen und weder eine Vermietung noch einen Verkauf darstellen.

- Bestehende Mietverhältnisse führen nicht dazu, dass der Mieter die Einsicht in den Energieausweis fordern kann. Der Vermieter wird bei Interesse des Fortbestandes bestehender Mietverhältnisse wahrscheinlich trotzdem Auskunft geben.

- Auch der Besitzer eines Eigenheims hat keinen Handlungsbedarf für sein Häuschen, solange er selbst darin wohnt und es nicht veräußert. Dem Verordnungsgeber kam es darauf an, Fälle zu regeln, in denen Käufer oder Mieter Entscheidungen am Markt treffen müssen.

- Generell ausgenommen von den Energieausweisregelungen der EnEV 2007 sind Baudenkmäler. Wer ein Baudenkmal mietet oder erwirbt, ist sich darüber im Klaren, dass ggf. hohe Betriebskosten entstehen. In vielen Fällen können sie kaum gesenkt werden. Baudenkmäler sind ausschließlich nach Landesrecht geschützte Gebäude (dazu werden sie in der Landesdenkmalliste geführt). Die bloße Annahme, dass man in einem schönen alten Haus wohnt, bedeutet nicht, dass es sich hier um ein Denkmal handelt.

- Ebenfalls völlig ausgenommen sind so genannte „kleine Gebäude". Das sind untergeordnete Gebäude mit einer Nutzfläche von nicht mehr als 50 m² wie z. B. Kioske, Pförtnerlogen etc. Hier greift eine „Bagatellregelung".

## Sonderfall: Aus-, Um- und Anbauten

Baumaßnahmen im Bestand können ebenfalls zur Ausstellung von Energieausweisen führen.

> Im Gebäudebestand kann die „Neubauregel" in gewisser Weise greifen. Ein besonderer Fall sind z. B. Anbauten oder der Ausbau von bisher unbeheizten Räumen.

Dabei gilt folgendes:

- Wird die Nutzfläche der beheizten/gekühlten Räume eines Gebäudes um mehr als die Hälfte erweitert und eine Berechnung für das gesamte Gebäude durchgeführt, so ist dieser Fall wie ein Neubau zu behandeln. Das heißt, es muss eine energetische Bilanzierung des gesamten Gebäudes einschließlich der abschließenden Ausweisausstellung für das gesamte Gebäude durchgeführt werden.
- Wird im Gebäudebestand eine Modernisierung durchgeführt und mit einer Energiebilanzierung des gesamten Gebäudes verbunden, so ist auch auf dieser Basis ein Energieausweis auszustellen.

## „Kann"-Fälle

- Es ist geplant, dass z. B. die zukünftige Inanspruchnahme öffentlicher Fördergelder für die Modernisierung die Ausstellung eines Energieausweises erfordern wird.
- Auch können die zuständigen Stellen der Bundesländer im Rahmen des Bauordnungsrechts Nachweise über die Einhaltung der Energieeinsparverordnung verlangen.

## Nicht jeder kann den Ausweis verlangen

Der Ausweis muss anlässlich der Vertragsanbahnung vom Verkäufer/Vermieter dem Kunden vorgelegt werden.

> Das heißt, der Verbraucher hat das Recht auf Einsichtnahme. Er hat nicht das Recht, eine Übergabe des Ausweises oder einer Kopie zu fordern.

Trotzdem sollte man um eine Kopie bitten. Die teilweise komplexen Informationen kann man dann im Rahmen weiterer Verhandlungen mit einem Sachverständigen besprechen.

Ein seriöser Verkäufer/Vermieter hat nichts zu vertuschen und wird für einen ernsthaften Kunden auch eine Kopie anfertigen. Die Einsichtnahme kann auch nach üblichem Geschäftsgebaren bei Immobiliengeschäften erfolgen.

### Beispiel

 Der Energieausweis könnte so z. B. auch an einen Kaufinteressenten in einer anderen Stadt per Fax übermittelt werden.

Das Recht, die Vorlage des Energieausweises zu verlangen, steht im Übrigen der nach Landesrecht zuständigen Behörde jederzeit zu.

Ein besonderes Augenmerk verdient das Verhältnis zwischen Vermieter und potenziellem Mieter bzw. Verkäufer und potenziellem Käufer. Nicht jede Person, die nur behauptet, an einer Immobilie interessiert zu sein, ist auch ein potenzieller Käufer bzw. ein ernsthafter Kaufinteressent.

> Eine „Jedermann-Berechtigung" zur Einsichtnahme in Energieausweise sieht die Verordnung nicht vor.

Andererseits soll die Einsichtnahme in den Energieausweis die Kaufentscheidung beeinflussen und muss deshalb zu einem Zeitpunkt geschehen, bei der das Verkaufs- bzw. Vermietungsgeschäft noch nicht abgewickelt ist. Als potenzieller Käufer könnte in diesem Sinne eine Person angesehen werden, die sich zur Besichtigung eines Objekts einfindet.

Allgemein geäußertes Interesse oder gar Rundschreiben von Personen oder Verbänden sind keine Legitimation für die Einsichtnahme in Energieausweise.

## Ab wann geht es los mit den Energieausweisen?

Die Anforderungen werden in Etappen eingeführt.

- Die Neubauten sind als erstes betroffen. Für Bauvorhaben, für die ab dem 1. Oktober 2007 der Bauantrag gestellt wird oder Bauanzeige erstattet wird, ist der Energieausweis auszustellen. Das heißt, nach Fertigstellung des Objektes ist dem zukünftigen Eigentümer der Energieausweis zum Gebäude zu übergeben.

- Es kann darüber hinaus auch Sinn machen, dass der zukünftige Eigentümer sich vom befassten Planungsteam einen Energieausweis ausstellen lässt, obwohl für das Vorhaben vor dem 1. Oktober 2007 der Bauantrag gestellt wurde. Falls er das Gebäude oder einzelne Wohnungen vermieten will, muss er dem zukünftigen Mieter einen gültigen Energieausweis zugänglich machen können.

> Wird ein Energieausweis den Einsichtsberechtigten nicht oder nicht vollständig zugänglich gemacht, kann ein Bußgeld verhängt werden.

Bei Energieausweisen für bereits bestehende Wohngebäude werden die Anwendungszeitpunkte gestaffelt. Bei Wohngebäuden für die Baufertigstellungsjahre bis 1965 können die Energieausweise ab dem 1. Juli 2008 und bei später errichteten Wohngebäuden ab dem 1. Januar 2009 eingefordert werden. Die Übergangsfristen wurden vom Verordnungsgeber eingeführt, um Verkäufern und Vermietern die Zeit und Möglichkeit zu geben, Energieausweise nach den Regularien der EnEV 2007 ausstellen zu lassen.

## Gelten alte Ausweise fort?

Auf spezielle Übergangsvorschriften sei an dieser Stelle hingewiesen. Bereits bestehende Energieausweise, wie z. B.

- der Wärmebedarfsausweis nach § 12 der Wärmeschutzverordnung von 1994,
- der Energiebedarfsausweis nach der EnEV 2002/EnEV 2004,
- Energieausweise, die von Gebietskörperschaften oder auf deren Veranlassung von Dritten nach einheitlichen Regeln ausgestellt wurden,

### Beispiel

Energieausweise der Deutschen Energie-Agentur, der Energiepass Sachsen, der Energiepass Thüringen und ähnliche von der öffentlichen Hand geregelte oder geförderte Ausweise

- Energieausweise nach dem von der Bundesregierung beschlossenen Entwurf dieser Verordnung (Bundesrats-Drucksache 282/07)

gelten wie die regulären Energieausweise nach der neuen EnEV 10 Jahre ab Ausstellungsdatum. Bis auf den Wärmebedarfsausweis nach Wärmeschutzverordnung haben sie im Allgemeinen inhaltlich die gleiche Qualität wie der Energieausweis nach EnEV 2007. Nach ihrem Ablauf muss ein regulärer Ausweis nach EnEV 2007 ausgestellt werden.

> Es ist zu prüfen, ob ein „älteres Modell" – auch wenn es nicht nach den Formularen der jetzt geltenden EnEV 2007 aufgestellt wurde – noch Gültigkeit besitzt.

Der Verordnungsgeber will mit den Übergangsregelungen die entstehende „Bugwelle" bei der Ausstellung von Energieausweisen abmildern. Es ist zu erwarten, dass in den ersten zwei Geltungsjahren über 2 Mio. Energieausweise ausgestellt werden müssen.

# Der große Unterschied: Bedarfs- und Verbrauchsausweise

Die EnEV 2007 ermöglicht prinzipiell zwei Wege zur Ausstellung der Energieausweise:
- auf der Basis des gemessenen Energieverbrauchs oder
- durch Ermittlung des so genannten Energiebedarfs.

Das verwirrt anfangs. Aber nach der zugrunde liegenden EU-Richtlinie ist es prinzipiell möglich, Energieausweise auf der Grundlage von Bedarfsrechnungen oder auf der Basis des erfassten Verbrauchs zu erstellen. In der Regel genügt eine von beiden Angaben.

Nach der EnEV 2007 können Energieausweise (freiwillig) auch beide Angaben – zum Bedarf und zum Verbrauch – enthalten. Bei kleinen Gebäuden mit bis zu vier Wohneinheiten muss in der Regel der Energiebedarf auf jeden Fall angegeben werden.

## Die Berechnung des Energiebedarfs

Eine Bedarfsberechnung ist eine ingenieurmäßige Aufgabe.

Unter Energiebedarf sind Energiemengen zu verstehen, die unter genormten Bedingungen (z. B. feste mittlere Klimaangaben, definiertes Nutzerverhalten, zu erreichende Innentemperatur, vorgegebene innere Wärmequellen) für eine bestimmte Periode (in der EnEV 2007 für ein Jahr) zu erwarten sind. Diese Größe dient der ingenieurmäßigen Auslegung des baulichen Wärmeschutzes von Gebäuden und ihrer technischen Anlage für Heizung, Lüftung, Warmwasserbereitung und Kühlung sowie des Vergleiches der energetischen Qualität von Gebäuden. Ein neues Gebäude nach EnEV 2007 hätte ggf. einen Energiebedarfswert von 120 kWh/m²a, während ein altes Fachwerkhaus einen Energiebedarfswert von 400 kWh/m²a aufweist.

Der große Vorteil dieser Methode ist, dass eine sehr neutrale Bewertung von Gebäuden abgegeben wird. Unterschiedliche

Nutzer (Sparer oder Verschwender) oder verschieden strenge Winter spielen keine Rolle. Gebäude lassen sich so in ihrer Qualität nicht nur beurteilen, sondern auch gut vergleichen. Gleichzeitig ist die Berechnung des Gebäudes auch eine Gebäudediagnose. Etwaige Schwachstellen werden erkannt und beschrieben. Zum Beispiel lässt sich so schnell feststellen, wo viel Wärme über die Gebäudehülle entweicht und eine Verbesserung sachgerecht wäre. Nachteil der Methode ist, dass die Daten am Gebäude sowie der Heizungsanlage aufgenommen werden müssen und eine ingenieurmäßige Berechnung (auch trotz aller möglichen Vereinfachungen) einen gewissen Aufwand erfordert (zu den Kosten siehe S. 77).

> Zu beachten ist, dass Neubauten oder umfassend modernisierte Wohngebäude nur mit Energieausweisen nach Bedarf bewertet werden können, da hier ganz einfach noch keine Verbrauchswerte vorliegen.

Der Verordnungsgeber hat sich entschieden, zur Darstellung der Gesamtenergieeffizienz des Gebäudes, bei der Ermittlung des Energiebedarfs die auch bisher in der Planung von Gebäuden berechneten Daten im Energieausweis zu verwenden und darzustellen. Damit können ingenieurtechnische Planungen im Neubau oder auch bei umfassenderen Bestandsmodernisierungen direkt in den Energieausweis übertragen werden. Es handelt sich dabei um

- den Primärenergiebedarf,
- den Endenergiebedarf und
- die Transmissionswärmeverluste.

Diese Werte finden sich im Energieausweis auf der Basis des Energiebedarfs wieder.

## Primärenergiebedarf $Q_P$

Berechnete Energiemenge, die zusätzlich zum Energieinhalt des notwendigen Brennstoffes und der Hilfsenergien für die Anlagentechnik auch die Energiemengen einbezieht, die durch vorgelagerte Prozessketten außerhalb des Gebäudes bei der Gewinnung, Umwandlung und Verteilung der jeweils eingesetzten Brennstoffe entstehen. Die Primärenergie kann als Beurteilungsgröße für ökologische Kriterien, wie z. B. $CO_2$-Emission, herangezogen werden.

> Je kleiner der Wert ist, desto ökologischer ist das Gebäude.

## Endenergiebedarf $Q$

Berechnete Energiemenge, die der Heizung, Lüftung sowie der Anlage für die Warmwasserbereitung zur Verfügung gestellt werden muss, um die festgelegte Rauminnentemperatur und die Erwärmung des Warmwassers über das ganze Jahr sicherzustellen. Diese Energiemenge bezieht die für den Betrieb der Anlagentechnik (Pumpen, Regelung usw.) benötigte Hilfsenergie ein. Die Endenergie wird an der „Schnittstelle" Gebäudehülle übergeben und stellt somit die Energiemenge dar, die vom Verbraucher für Heizung (und bei zentraler Bereitstellung auch für Warmwasser) benötigt und bezahlt werden muss. Der Endenergiebedarf wird vor diesem Hintergrund getrennt nach verwendeten Energieträgern angegeben.

> Je kleiner der Wert ist, umso geringer werden die Energiekosten ausfallen (vernünftige Nutzung vorausgesetzt).

## Transmissionswärmeverlust $H_T$

Die entsprechende Norm definiert den „spezifischen Transmissionswärmeverlust" als Wärmestrom durch die Außenbauteile je Grad Kelvin Temperaturdifferenz.

> Es geht hier kurz gesagt um die Eigenschaft der Gebäudehülle, möglichst wenig Wärme aus dem Innenbereich zu verlieren.
> Hier gilt: Je kleiner der Wert, umso besser ist die Dämmwirkung der Gebäudehülle.

Es ist aber auch zu beachten, dass große kompakte Gebäude diese Anforderungen besser erfüllen können als kleine oder „zergliederte" Gebäude.

Der Primärenergiebedarf ist zwar die wichtigste Anforderungsgröße, er führt aber bei alleiniger Betrachtung oft zu falschen Schlüssen.

### Beispiel

Die Verwendung von Holzpelletheizkesseln führt zwar zu einem günstigen Primärenergiewert (Holz als nachwachsender Rohstoff gilt als erneuerbare Energie), es bleibt trotzdem ein ggf. hoher Endenergiebedarf, den der Nutzer mit hohen Betriebskosten präsentiert bekommt. Pellets sind nicht billig!

Der Einsatz primärenergetisch günstiger Systeme darf die zu erwartenden Betriebskosten nicht verdecken. An prominenter Stelle (nämlich am Zahlenstrahl) werden daher im Energieausweis sowohl der Primärenergiebedarf (als Umweltindikator) und der Endenergiebedarf (als Indikator für warme Betriebskosten) sichtbar gemacht.

## Die Ermittlung des Energieverbrauchs

Energieausweise können in vielen Fällen auch auf dem Energieverbrauch basieren. Die Verbrauchsmessung bildet unter Beachtung der üblichen Messfehler den tatsächlichen Verbrauch an Energie ab. Der Verbrauch beschreibt neben der tatsächlichen energetischen Qualität des Gebäudes insbesondere das individuelle Nutzerverhalten und die Klimaeinflüsse.

> Dies ist bei der Bewertung von Gebäuden ein Nachteil, da diese Einflüsse die wirkliche energetische Qualität eines Gebäudes völlig überdecken können.

Im Zweifelsfall hätte das leer stehende Haus die höchste Energieeffizienz. Die Diskussionen um richtiges Nutzerverhalten (z. B. richtige Überprüfung und Einstellung der Anlagentechnik, verschwenderisches oder sparsames Verhalten) sind zwar interessant und notwendig, können aber die Feststellung der energetischen Qualität des Gebäudes nicht ersetzen.

**Bild 3: Spreizung von Energieverbrauchswerten bei gleicher energetischer Qualität von Wohnungen im Vergleich zum Mittelwert, der hier als 1,0 dargestellt ist.**

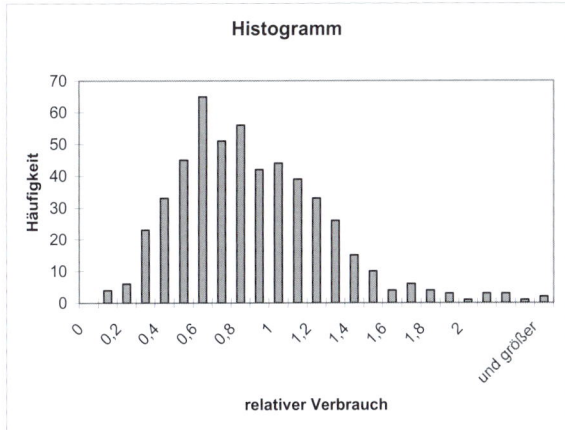

*Quelle: Vogler, I.: Untersuchungen zu Energieverbrauchswerten im Rahmen eines Forschungsauftrages, Institut für Erhaltung und Modernisierung von Bauwerken e.V., November 2004*

## Beispiel

 Das Diagramm in Bild 3 zeigt die Abweichungen der Verbrauchswerte bei 519 Wohnungen gleicher energetischer Qualität (ausschließlich Wohnungen in mittleren Geschossen, keine Giebellage) vom Durchschnittswert. Einzelne Nutzer haben einen mehr als doppelt so hohen Verbrauch, andere dagegen verbrauchen weniger als die Hälfte des Durchschnitts. Das zeigt, dass das Nutzerverhalten in großem Maße voneinander abweicht. Bei einer großen „statistischen Masse" mit vielen Verbrauchern mittelt sich das Nutzerverhalten.

Der Energieausweis auf der Basis des Energieverbrauchs enthält nicht die bloßen Verbrauchswerte. Wegen der Nutzer- und Wettereinflüsse müssen die gemessenen Verbräuche noch „neutralisiert" werden. Das ist eine Aufgabe, die bei Energieausweiserstellung von Fachleuten durchgeführt wird.

Im Energieausweis wird der Energieverbrauchskennwert angegeben. Er ist nicht vergleichbar mit dem Primärenergie- und dem Endenergiebedarf. Der Verbrauchskennwert korrespondiert nur unter bestimmten Bedingungen mit dem berechneten Endenergiebedarf. Beim Bedarf sind „Normnutzer" die Basis. Beim Verbrauch sind es reale Nutzer. Wenn sich der reale Nutzer und das reale Klima anders verhalten als in der Norm, kommt es zu Abweichungen vom tatsächlichen Verbrauch zum berechneten Bedarf, die deutlich sein können.

### Beispiel

Allein die Lüftungsgewohnheiten einzelner Nutzer können von dem in der Norm unterstellten Lüftungsregime sehr abweichen (Raucher, hohe Belegung, falsches Lüftungsverhalten durch Dauerkippstellung der Fenster etc.). Dadurch entsteht z. B. ein höherer Lüftungswärmeverlust als berechnet.

Eine Erklärung der Werte und den Abgleich zwischen Bedarfs- und Verbrauchswerten kann man nur durch eine Energieberatung bei Fachleuten erreichen.

## Nachteile der Verbrauchsmethode

Trotz aller Bemühungen um mehr Neutralität durch Witterungsbereinigung und Berücksichtigung von drei Abrechnungsperioden verbleibt beim Verbrauchsausweis der Nachteil, dass neben der energetischen Qualität des Gebäudes insbesondere das Nutzerverhalten abgebildet wird. Dieses

Problem schlägt bei kleinen Gebäuden stärker durch als bei großen. In einem Gebäude, in dem es nur wenige Nutzer gibt, können sich Sparer und Verschwender nicht neutralisieren.

**Beispiel**

In einem Doppelhaus mit gleicher Größe und Qualität der Bausubstanz und der Anlagentechnik der beiden Wohnungen können die Nutzer Verbräuche „produzieren", die sich um den Faktor zwei und mehr unterscheiden. Eine hohe Belegungsquote mit hohem Warmwasserbedarf (z. B. kinderreiche Familie) hat andere Konsequenzen als eine geringe Belegungsquote mit niedrigem Warmwasserbedarf (z. B. alleinstehende Person mit ständig langer Abwesenheit). Aber auch Lüftungsgewohnheiten (z. B. Raucher/Nichtraucher etc.) und vieles andere mehr führen in Wohnungen mit gleicher energetischer Qualität zu enormen Abweichungen im Verbrauch.

Verbrauchsausweise für kleine Gebäude sind deshalb nicht nur mit Vorsicht zu genießen, sie sollten auch hinterfragt werden. Ein günstiger Wert könnte allein dadurch zu Stande gekommen sein, dass der Nutzer oft nicht anwesend war.

# Verbrauchs- oder Bedarfsausweis – Das ist hier die Frage

Die Erstellung von Energieausweisen auf der Grundlage des erfassten Energieverbrauchs kommt generell in allen Fällen in Betracht (im Zusammenhang mit dem Verkauf, der Vermietung und der Verpachtung).

Allerdings regelt die EnEV 2007, dass in bestimmten Fällen Energieausweise nur auf Basis des berechneten Energiebedarfs ausgestellt werden dürfen.

## Beispiel

> Für Wohngebäude mit bis zu vier Wohneinheiten ist diese Sonderregelung vorgesehen. Dies soll der Tatsache Rechnung tragen, dass bei kleinen Gebäuden mit Verbrauchsausweisen eher das Verhalten der Nutzer als die energetische Qualität des Hauses beschrieben wird.

Wurde für Wohngebäude dieser Größenordnung der Bauantrag vor dem In-Kraft-Treten der Ersten Wärmeschutzverordnung (1. November 1977) gestellt, darf grundsätzlich nur ein Ausweis auf Bedarfsgrundlage ausgestellt werden; denn in diesen Fällen musste die Erste Wärmeschutzverordnung noch nicht beachtet werden. Es ist mit einer energetisch schlechten Bausubstanz zu rechnen. Zeichnet sich ein Gebäude hingegen trotz Bauantragstellung vor dem 1. November 1977 durch energetische Eigenschaften auf dem Niveau der Ersten Wärmeschutzverordnung aus, besteht die Wahlmöglichkeit zwischen dem Ausweis auf Bedarfs- und dem auf Verbrauchsgrundlage. Ob dieser Standard schon bei der Baufertigstellung erfüllt oder erst durch spätere Modernisierungsmaßnahmen erreicht wurde, ist in diesem Zusammenhang unerheblich. Die Feststellung hierüber obliegt einem Fachmann.

Ausnahme von der Ausnahme: Für eine Übergangszeit bis zum 30. September 2008 soll aber auch bei kleinen Gebäuden die Wahlfreiheit gelten. Das kann man ruhig einen politischen Kompromiss nennen. Da zu erwarten ist, dass Verbrauchsausweise relativ preiswert sind, sollten Eigentümer von kleinen Gebäuden von der Wahlfreiheit profitieren dürfen, auch wenn das Ergebnis in vielen Fällen wahrscheinlich nicht objektiv ist.

Energieausweise nach Verbrauch sind bei sehr großen Wohngebäuden in ihrer sachlichen Information hinnehmbar. Bei kleinen Gebäuden ist der neutrale Informationsgehalt schlechter. Aus Sicht eines Sachverständigen macht bei einem kleinen Gebäude nur die Bedarfsberechnung Sinn.

> Bewerten Sie Verbrauchskennzahlen mit der gebotenen Vorsicht, auch wenn sie gesetzlich übergangsweise zugelassen sind. In der Regel wollte sich der Eigentümer die objektivere Information sparen (aus welchen Gründen, lässt der Autor dahingestellt). Das gibt einem kritischen Verbraucher meist zu denken.

Im Übrigen: Eine Gebäudediagnose und Vorschläge für die Modernisierung sind mit Verbrauchskennwerten nicht möglich. Aus hohen Verbrauchswerten kann nicht auf konkrete Modernisierungsvorschläge geschlossen werden. Es ist dann eine Bewertung vor Ort oder mindestens eine Aufnahme der Daten durch einen vom Ausweisaussteller beauftragten Sachverständigen vor Ort notwendig.

## Unverzichtbar: Vergleich mit anderen Gebäuden

Energieausweise sowohl nach Bedarf als nach Verbrauch müssen Angaben zu Vergleichswerten enthalten. Nur so kann man als Verbraucher erkennen, ob der angegebene Wert eher auf Zukunfts-, Neubau- oder Altbauniveau liegt. Zu beachten ist, dass bei gleicher energetischer Qualität die spezifischen Werte für Einfamilienhäuser generell höher liegen als bei Mehrfamilienhäusern.

**Beispiel**

Während bei Ein- und Zweifamilienhäusern beim Wert für den Jahres-Primärenergiebedarf mit ca. 100 bis 125 kWh/m²a zu rechnen ist, kommt man bei einem Mehrfamilienhaus ggf. auf 70 bis 80 kWh/m²a.

Das liegt an der besseren Kompaktheit großer Gebäude. Für Wohngebäude sind Vergleichswerte für ausgewählte Gebäudetypen als Pflichtbestandteil der Energieausweise unmittelbar in das Musterformular des Ausweises eingearbeitet.

# Welche Schlüsse kann man aus dem Energieausweis ziehen?

Ähnlich wie bei den Energieeffizienz-Labeln für Haushaltsgeräte gibt es nun auch bei Gebäuden ein einheitliches Formular, das den Vergleich von Gebäuden möglich machen soll.

Mit der Vorgabe der EnEV 2007, dass Energieausweise nach Inhalt und Aufbau den Mustern der Verordnung entsprechen und bestimmte Pflichtangaben enthalten müssen, soll die formale und inhaltliche Einheitlichkeit der Energieausweise sichergestellt werden. Die Ausweismuster sollen die energierelevanten Angaben in leicht verständlicher Form vermitteln.

In diesem Rahmen ist allerdings die Verwendung der Farben der Muster – auch aus Kostengründen (keine Farbkopien) und zur Ermöglichung der Versendung der Ausweise durch Telefax – nicht zwingend vorgeschrieben. Es kann davon ausgegangen werden, dass Software-Programme zur Ausstellung der Ausweise die Muster 1:1 abbilden.

Die vierseitigen Muster der Energieausweise für Wohngebäude sind in den Anlagen 6 und 7 zur Verordnung vorgegeben. Die EnEV 2007 ermöglicht die Beifügung von zusätzlichen, von der Energieeinsparverordnung nicht geforderten Angaben. Dies ist sinnvoll. Der Energieausweis vermittelt ausschließlich die Ergebnisse der Werteermittlung. Eingangsdaten oder Rechenschritte bleiben außen vor. Doch genau diese Informationen können besonders interessant sein. Einerseits erkennt man schon mit der Gebäudeaufnahme, wo Modernisierungsbedarf am Gebäude besteht, andererseits werden der Rechenweg und das Ergebnis nachprüfbar.

### Beispiel

In einem Energieausweis wird ein günstiger berechneter Bedarfswert angegeben. Die Auflistung der Bauteile zeigt jedoch energetisch schlechte Wandaufbauten und alte Fenster, die dringend der Modernisierung bedürfen. Eine Nachberechnung würde mit Sicherheit zeigen, dass ein Berechnungsfehler vorliegt. Ohne Eingangsdaten kann man das allerdings nicht nachvollziehen.

Deshalb sind Energieausweise, die die Berechnung und Datenaufnahme als Anlagen beifügen, erst richtig wertvoll.

Das Ausweismuster enthält je ein Blatt für Bedarfs- und für Verbrauchsangaben (Blatt 2 [Bedarf] und Blatt 3 [Verbrauch] in Anlage 6 und 7 der EnEV 2007). Dieser Aufbau erlaubt es, dass in einem Ausweis, der auf einer Bedarfsermittlung basiert, auf freiwilliger Grundlage der Verbrauchswert angegeben werden kann. Geschieht dies nicht, wird das entsprechende Blatt nicht ausgefüllt.

## Was sagt Blatt 1 „Allgemeine Daten zum Ausweis und zum Gebäude" aus?

In Blatt 1 muss der Aussteller allgemeine Daten zu den betroffenen Gebäuden und Angaben zur Gebäudehülle (siehe Bild 4, nächste Seite) eintragen. Um welche Angaben es sich im Einzelnen handelt, ergibt sich aus den Mustern. Das Gebäudefoto ist freiwillig.

Da der geneigte Energieausweis-Leser jedoch keine detaillierten Kenntnisse der Gesetzeslage haben dürfte, erscheint in den Mustern ein Hinweis auf den Informationscharakter der Angaben ebenso wie der ausdrückliche Hinweis darauf, dass die Angaben nur einen überschlägigen Vergleich von Gebäuden erlauben sollen.

Welche Schlüsse kann man aus dem Energieausweis ziehen? **45**

## Bild 4: Energieausweis für Wohngebäude: Blatt 1

# ENERGIEAUSWEIS für Wohngebäude

gemäß den §§ 16 ff. Energieeinsparverordnung (EnEV)

Gültig bis: (1)

### Gebäude

| Gebäudetyp | |
|---|---|
| Adresse | |
| Gebäudeteil | |
| Baujahr Gebäude | Gebäudefoto (freiwillig) |
| Baujahr Anlagentechnik | |
| Anzahl Wohnungen | |
| Gebäudenutzfläche ($A_N$) | |
| Anlass der Ausstellung des Energieausweises | ☐ Neubau ☐ Modernisierung ☐ Sonstiges (freiwillig) ☐ Vermietung / Verkauf (Änderung / Erweiterung) |

### Hinweise zu den Angaben über die energetische Qualität des Gebäudes

Die energetische Qualität eines Gebäudes kann durch die Berechnung des **Energiebedarfs** unter standardisierten Randbedingungen oder durch die Auswertung des **Energieverbrauchs** ermittelt werden. Als Bezugsfläche dient die energetische Gebäudenutzfläche nach der EnEV, die sich in der Regel von den allgemeinen Wohnflächenangaben unterscheidet. Die angegebenen Vergleichswerte sollen überschlägige Vergleiche ermöglichen (**Erläuterungen – siehe Seite 4**).

☐ Der Energieausweis wurde auf der Grundlage von Berechnungen des **Energiebedarfs** erstellt. Die Ergebnisse sind auf **Seite 2** dargestellt. Zusätzliche Informationen zum Verbrauch sind freiwillig.

☐ Der Energieausweis wurde auf der Grundlage von Auswertungen des **Energieverbrauchs** erstellt. Die Ergebnisse sind auf **Seite 3** dargestellt.

Datenerhebung Bedarf/Verbrauch durch ☐ Eigentümer ☐ Aussteller

☐ Dem Energieausweis sind zusätzliche Informationen zur energetischen Qualität beigefügt (freiwillige Angabe).

### Hinweise zur Verwendung des Energieausweises

Der Energieausweis dient lediglich der Information. Die Angaben im Energieausweis beziehen sich auf das gesamte Wohngebäude oder den oben bezeichneten Gebäudeteil. Der Energieausweis ist lediglich dafür gedacht, einen überschlägigen Vergleich von Gebäuden zu ermöglichen.

Aussteller

.................... ....................................
Datum eigenhändige Unterschrift des Ausstellers

*Quelle: EnEV 2007*

## Aussteller muss eindeutig erkennbar sein

In der EnEV 2007 werden Mindestanforderungen an die Identifikation des Ausstellers festgelegt.

> Ein Energieausweis muss eigenhändig unterschrieben sein bzw. eine Nachbildung der Unterschrift muss elektronisch eingefügt worden sein. Der Aussteller muss seine Berufsbezeichnung und Anschrift eintragen.

Damit soll nachprüfbar gemacht werden, ob er denn überhaupt ausstellungsberechtigt war. Ein Verstoß dagegen ist eine Ordnungswidrigkeit und kann zu einem Bußgeld führen.

## Energetische Qualität des Gebäudes

Interessant sind auch die Hinweise zu den Angaben über die energetische Qualität des Gebäudes. Dort kann man nicht nur erfahren, ob es sich um einen Verbrauchs- oder Bedarfsausweis handelt, sondern auch, wie die Daten erhoben wurden. Datenerhebungen durch den Eigentümer sind dabei durchaus möglich, durch die EnEV 2007 sanktioniert und auch sinnvoll.

### Beispiel

Vom Eigentümer werden Bauunterlagen vom Haus zur Verfügung gestellt. Das erspart den Aufwand zur Gebäudeaufnahme.

Der Aussteller darf die Daten nur benutzen, wenn er keine Zweifel an ihrer Richtigkeit hat.

In der Regel sind Eigentümer in Bezug auf die Gebäudesubstanz und Anlagentechnik Laien. Ob sie ein richtiges Aufmaß nehmen können bzw. die notwendigen Daten der Bauteile richtig zusammentragen, ist ungewiss. Auch bei Verbrauchsdaten bestehen Unsicherheiten. Bei Abrechnungen der Energieversorger, die der Eigentümer zur Verfügung stellt, gibt es keine Probleme. Aber wie sieht es aus, wenn die gekauften Holzpellets mengenmäßig dem Kalenderjahr zugeordnet werden sollen? Daten für das Gebäude sollten im Zweifelsfall von einer fachkundigen Person erhoben worden sein.

> Ein Ausweis mit Erhebungen durch den Fachmann (der im Übrigen auch keine Eigeninteressen verfolgt) ist in jedem Fall zu bevorzugen.

## Welche Infos enthält Blatt 2 „Berechneter Energiebedarf des Gebäudes"?

Die berechneten Bedarfsangaben werden als (ggf. gerundete) Zahlenwerte sowie auch anschaulich mit einer Markierung in einer Längsskala („Bandtacho") im Kästchen Energiebedarf eingetragen (siehe Bild 5). Dies ermöglicht den angestrebten überschlägigen Vergleich verschiedener Gebäude.

**Bild 5 (nächste Seite): Energieausweis für Wohngebäude: Blatt 2**

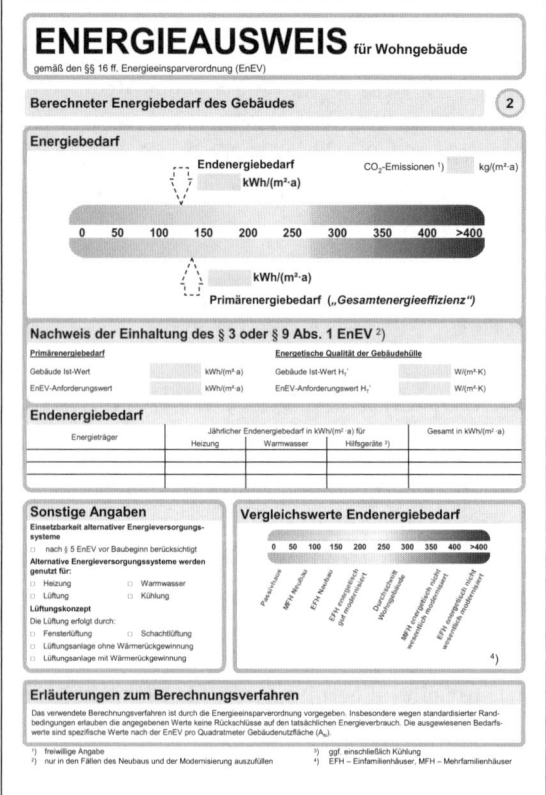

*Quelle: EnEV 2007*

## Der so genannte „Bandtacho"

Der „Bandtacho" (Bild 6) war in einem Feldversuch der Deutschen Energie-Agentur zu Wohngebäuden die überwiegend favorisierte Darstellungsform.

Geringer Energiebedarf bedeutet, dass der Pfeil weit links liegt(im Original ist der Bandtacho farbig und dieser Bereich grün), während bedenklich hoher Bedarf rechts angeordnet ist (im Original im roten Bereich).

Der durchgehende Zahlenstrahl kann auch kleine Modernisierungen mit ihrem energetischen Effekt abbilden. Er hat den Vorteil, dass sich sowohl der End- als auch der Primärenergiebedarf abbilden lassen. Bei der Nutzung fossiler Energieträger wie Öl und Gas muss der Primärenergiebedarf immer höher sein als der Endenergiebedarf. Um z. B. Öl oder Gas zu gewinnen und bis zum Haus zu transportieren, ist Energie notwendig, die in die Berechnung einbezogen wird.

### Beispiel

 Der Faktor zwischen dem End- und dem Primärenergiebedarf beträgt bei Öl und Gas 1,1. Bei (auch anteiliger) Nutzung regenerativer Energien liegt dieser Faktor unter 1. In diesen Fällen ist der Primärenergiebedarf niedriger als der Endenergiebedarf, was ökologisch positiv ist.

Die Angabe der $CO_2$-Emissionen ist freiwillig.

### Bild 6: Energielabel: Bandtacho

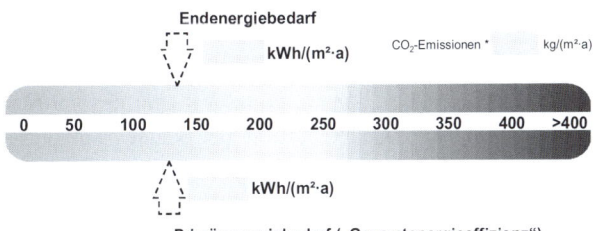

*Quelle: EnEV 2007*

## Vergleichswerte

Die europarechtlich gebotenen so genannten Referenzwerte, hier Vergleichswerte genannt, sind im Muster unten rechts dargestellt. In Übereinstimmung mit der Vorgabe der Richtlinie dienen die Vergleichswerte dem Zweck, den Interessenten „einen Vergleich und eine Beurteilung der Gesamtenergieeffizienz des Gebäudes zu ermöglichen".

**Bild 7: Vergleichswerte**

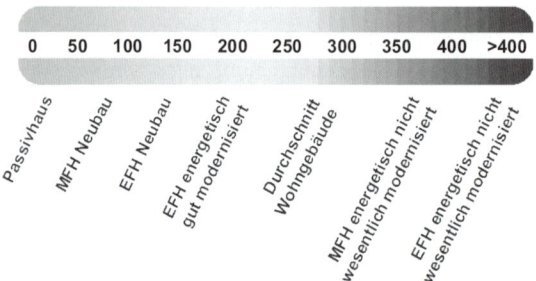

*Quelle: EnEV 2007, MFH -Mehrfamilienhaus, EFH -Einfamilienhaus*

> Die dargestellten Endenergie-Werte liefern nur eine ungefähre Vorstellung.

## Nachweis-Kästchen

Das Feld „Nachweis der Einhaltung des § 3 oder des § 9 Abs. 1 EnEV" ist für die Dokumentation bei Nachweispflichten gedacht. Die EnEV 2007 stellt Anforderungen an den Wärmeschutz (z.B: Dicke des Dämmstoffs auf der Wand etc.) und die Effizienz der Anlagentechnik, die sich aus der Energiebilanz ergibt. Wird der Ausweis für einen Neubau erstellt, so ist hier zu dokumentieren, dass dieser Anforderungswert eingehalten wurde. Muss dieser Nachweis nicht geführt werden (z. B. bei einem bestehenden Gebäude, das nicht modernisiert oder umgebaut wird), bleibt das Kästchen frei.

### Endenergiebedarf

Das Kästchen „Endenergiebedarf" stellt die Berechnungsergebnisse nach Energieträgern übersichtlich in einer Tabelle zusammen.

### Sonstige Angaben

Das Feld „Sonstige Angaben" (siehe Bild 5) gibt allgemeine Angaben zum Einsatz erneuerbarer Energien und zum verwendeten Lüftungskonzept wieder. Hier erfährt man nur, ob erneuerbare Energien eingesetzt werden. Wie das passiert, welche Anlage dazu vorhanden ist, wie effizient sie funktioniert, bleibt vorerst verborgen und kann nur durch Zusatzinformationen geklärt werden.

## Welche Infos folgen aus Blatt 3 „Erfasster Energieverbrauch des Gebäudes"?

Das Label (der Bandtacho) für den Energieverbrauchskennwert wird ähnlich der Energiebedarfsbewertung dargestellt.

> Geringer Energieverbrauch bedeutet, dass der Pfeil im Bandtacho weit links (im grünen Bereich) liegt, während bedenklich hoher Verbrauch rechts (im roten Bereich) angeordnet ist (Bild 8).

## Bild 8: Energieausweis für Wohngebäude: Blatt 3

# ENERGIEAUSWEIS für Wohngebäude
gemäß den §§ 16 ff. Energieeinsparverordnung (EnEV)

### Erfasster Energieverbrauch des Gebäudes (3)

#### Energieverbrauchskennwert

Dieses Gebäude: ____ kWh/(m²·a)

| 0 | 50 | 100 | 150 | 200 | 250 | 300 | 350 | 400 | >400 |

Energieverbrauch für Warmwasser: ☐ enthalten  ☐ nicht enthalten

☐ Das Gebäude wird auch gekühlt; der typische Energieverbrauch für Kühlung beträgt bei zeitgemäßen Geräten etwa 6 kWh je m² Gebäudenutzfläche und Jahr und ist im Energieverbrauchskennwert nicht enthalten.

#### Verbrauchserfassung – Heizung und Warmwasser

| Energieträger | Zeitraum | | Brennstoff-menge [kWh] | Anteil Warm-wasser [kWh] | Klima-faktor | Energieverbrauchskennwert in kWh/(m²·a) (zeitlich bereinigt, klimabereinigt) | | |
|---|---|---|---|---|---|---|---|---|
| | von | bis | | | | Heizung | Warmwasser | Kennwert |
| | | | | | | | | |
| | | | | | | | | |
| | | | | | | | | |
| | | | | | | | | |
| | | | | | | | Durchschnitt | |

#### Vergleichswerte Endenergiebedarf

| 0 | 50 | 100 | 150 | 200 | 250 | 300 | 350 | 400 | >400 |

Die modellhaft ermittelten Vergleichswerte beziehen sich auf Gebäude, in denen die Wärme für Heizung und Warmwasser durch Heizkessel im Gebäude bereitgestellt wird.
Soll ein Energieverbrauchskennwert verglichen werden, der keinen Warmwasseranteil enthält, ist zu beachten, dass auf die Warmwasserbereitung je nach Gebäudegröße 20 – 40 kWh/(m²·a) entfallen können.
Soll ein Energieverbrauchskennwert eines mit Fern- oder Nahwärme beheizten Gebäudes verglichen werden, ist zu beachten, dass hier normalerweise ein um 15 – 30 % geringerer Energieverbrauch als bei vergleichbaren Gebäuden mit Kesselheizung zu erwarten ist.

[1]

#### Erläuterungen zum Verfahren

Das Verfahren zur Ermittlung von Energieverbrauchskennwerten ist durch die Energieeinsparverordnung vorgegeben. Die Werte sind spezifische Werte pro Quadratmeter Gebäudenutzfläche ($A_N$) nach Energieeinsparverordnung. Der tatsächliche Verbrauch einer Wohnung oder eines Gebäudes weicht insbesondere wegen des Witterungseinflusses und sich ändernden Nutzerverhaltens vom angegebenen Energieverbrauchskennwert ab.

[1] EFH – Einfamilienhäuser, MFH – Mehrfamilienhäuser

*Quelle: EnEV 2007*

Da hier nur der Verbrauchskennwert angegeben wird, gibt es auch nur einen Pfeil mit Wertangabe.

**Warmwasserverbrauch**

Beim Warmwasserverbrauch gibt es zwei Varianten:

- zentrale Warmwasserbereitung und damit Einbeziehung in den Verbrauchswert (= Kästchen „enthalten") oder
- dezentrale (in der Regel elektrische) Warmwasserbereitung, die nicht in den Verbrauchswert einbezogen ist (= Kästchen „nicht enthalten").

Diese Angabe ist in Bezug auf die dargestellten Vergleichswerte wichtig. Sie sind mit Warmwasser kalkuliert. Bei dezentraler Warmwasserbereitung ist der Wert um ca. 20 bis 40 kWh/m²a zu mindern. Das heißt der Nutzer eines elektrischen Durchlauferhitzers muss den entsprechenden Vergleichswert etwas nach unten korrigieren.

**Verbrauchserfassung und Warmwasser**

Die Tabelle „Verbrauchserfassung und Warmwasser" stellt die Ermittlung des Verbrauchskennwertes übersichtlich dar:

- abgelesene/ermittelte Verbräuche,
- Korrektur des Warmwasseranteils (dieser wird nicht witterungsbereinigt, der Warmwasserverbrauch ist unabhängig von den sich einstellenden Temperaturen),
- Witterungsbereinigung („Neutralisation" des aktuellen Klimas mit Korrektur-Werten zu einem statistischen Mittel),
- Mittelung der Verbrauchskennwerte über drei Kalenderjahre.

# Was folgt aus Blatt 4 „Erläuterungen"?

Die Erläuterungen auf Blatt 4 sollen zum besseren Verständnis der Formulare beitragen. Im Grunde genommen wird damit der Versuch unternommen, die in diesem TaschenGuide dargestellten Informationen auf einer Seite wiederzugeben.

### Bild 9: Energieausweis für Wohngebäude: Blatt 4

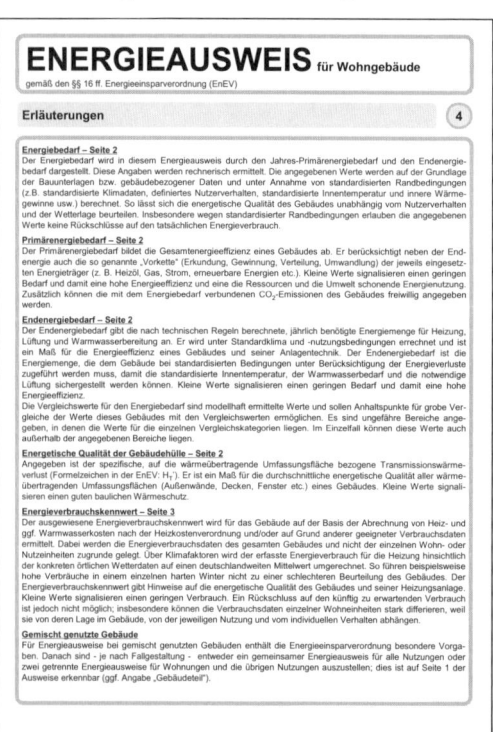

*Quelle: EnEV 2007*

# Bedarfsberechnung im Einzelnen

Bei der Ausstellung von Energieausweisen auf der Grundlage des Energiebedarfs bestimmt die EnEV 2007 die Berechnungsmethoden sowohl für den Neubaufall als auch für die umfassende Modernisierungsmaßnahme. Die EnEV 2007 übernimmt in diesem Zusammenhang bei Wohngebäuden im Wesentlichen unverändert die bisherige Regelung der Energiebilanzierung der Energieeinsparverordnung.

Die Bilanzierung muss durch Fachleute durchgeführt werden und ist sehr komplex. Im Folgenden werden die Grundsätze der Berechnung dargestellt, verbunden mit den direkten Folgen für den Verbraucher.

## Primärenergie- und Endenergiebedarf

Nach EnEV 2007 ist dabei die Energie zu berechnen, die man in Kubikmeter Gas, Liter Heizöl oder Tonnen Kohle der Heizungs- und Warmwasseranlage zuführen muss, um die gewünschte Beheizung bzw. Warmwassermenge zu erhalten. Diese Energie wird an der Grundstücksgrenze bereitgestellt (Endenergie: Beschreibung auf S. 34).

Die dieser Energie zuzuordnende Primärenergie ergibt sich aus dem Aufwand, der für die Bereitstellung dieser Energieform notwendig ist. Die Primärenergie ist die eigentliche Anforderungsgröße der EnEV. Sie ergibt sich aus der berechneten Endenergie durch Multiplikation mit den entsprechenden Primärenergiefaktoren. Die Primärenergiefaktoren berücksichtigen die Förderung der Brennstoffe, ihren Transport, die Verteilung und ggf. ihre Speicherung bis zur Übergabe am Gebäude.

Die folgende Tabelle zeigt deutlich, dass die primärenergetische Bereitstellung für eine Kilowattstunde Strom erheblich aufwändiger ist als bei einer Kilowattstunde Öl oder Gas.

Je kleiner der Faktor, je besser ist die ökologische Wirkung der eingesetzten Energieform bei der Beheizung des Gebäudes.

| Energieträger | | Primärenergiefaktoren $f_p$ |
|---|---|---|
| Brennstoffe | Heizöl EL | 1,1 |
| | Erdgas H | 1,1 |
| | Flüssiggas | 1,1 |
| | Steinkohle | 1,1 |
| | Braunkohle | 1,2 |
| | Holz | 0,2 |
| Nah/ Fernwärme aus Kraft-Wärme-Kopplung | fossiler Brennstoff | 0,7 |
| | erneuerbarer Brennstoff | 0,0 |
| Nah/Fernwärme aus Heizwerken | fossiler Brennstoff | 1,3 |
| | erneuerbarer Brennstoff | 0,1 |
| Strom | Strom-Mix | 2,7 |

- Das bedeutet auch, dass Stromheizungen primärenergetisch deutliche Nachteile haben. Nach den neuesten Plänen der Bundesregierung (Kabinettklausur vom August 2007) sollen deshalb Nachtspeicherheizungen in den nächsten Jahren sukzessive ausgetauscht werden.
- Günstig liegen natürlich typische erneuerbare Energien wie die Solarenergie, aber auch das Holz, da es als nachwachsender Rohstoff immer wieder von der Natur zur Verfügung gestellt wird (nur für das „Ernten", Aufbereiten und Verteilen fallen Umwandlungsverluste an).
- Günstig sind auch Fernwärmesysteme, wenn sie mit so genannter „Kraft-Wärmekopplung" funktionieren. Das bedeutet, dass die bei der Herstellung von elektrischem Strom abfallende Wärme genutzt wird. Dieser Kopplungsprozess ist primärenergetisch günstig.

# Energiebilanz für die Endenergie

Das Rechenverfahren zur Ermittlung der Endenergie basiert auf einem statischen Bilanzierungsmodell der Energieverluste und -gewinne. Die Bilanzformel ist wirklich nur etwas für Experten, zeigt jedoch auch, wie komplex die Berechnung ist:

$$Q_P = \left(Q_h + Q_c + Q_d + Q_s\right) \cdot \sum_i \left(e_{g,i} \cdot \alpha_i \cdot f_{P,i}\right) + \left(Q_W + Q_{c,w} + Q_{dw} + Q_{sw}\right) \cdot \sum_i \left(e_{gw,i} \cdot \alpha_i \cdot f_{P,i}\right) + Q_{HE,P}$$

Die Formel kann man wie folgt lesen: Die aufzuwendende Primärenergie ergibt sich aus dem Wärmebedarf sowohl für Heizung als auch für das bereit zu stellende Warmwasser einschließlich der Verluste für den Wärmetransport im Haus (z. B. vom Heizkessel zu den Heizkörpern), der Wärmespeicherung (z. B. Warmwasserspeicher) und der Wärmeübergabe im Raum (z. B. Verluste am Heizkörper) multipliziert mit der Aufwandszahl des Wärmeerzeugers, dem entsprechenden Primärenergiefaktor und dem Deckungsanteil erneuerbarer Energien.

Die Aufwandszahl „e" ist dabei das „Reziproke des Wirkungsgrades". Das heißt, sie beschreibt die Effizienz eines Wärmeerzeugers. Die Aufwandszahl e ist das Verhältnis von Aufwand und Nutzen bei der Beheizung.

Typische Heizkessel auf der Basis Öl oder Gas haben eine Aufwandszahl größer Eins. Allerdings liegen die Aufwandszahlen so genannter Niedertemperaturkessel höher als die von moderner Brennwerttechnik.

### Beispiel

Betrachtet wird ein kleines Einfamilienhaus in Holzständerbauweise ausgefacht mit Mineralwolle, modernen Fenstern und einem massiven Keller. Es besitzt eine zentrale Heizungs- und Warmwasserbereitung mit einem Niedertemperaturkessel. Der Jahresheizwärmebedarf (für die beheizten Räume zur Verfügung zu stellende Wärme) beträgt 62,7 kWh/m²a, der Nutzwärmebedarf für die Warmwasserbereitung ist mit 12,5 kWh/m²a festgelegt. Die Umwandlungsverluste bei der Heizung betragen 4,7 kWh/m²a, beim Warmwasser 16,8 kWh/m²a (hier schlagen insbesondere die Speicher- und Verteilungsverluste zu Buche). Die aufgewendeten elektrischen Hilfsenergien für Pumpen und Regelung sind eher gering: sie betragen 1,7 kWh/m²a für die Heizung und 1,0 kWh/m²a für die Warmwasserbereitung. Da der Primärenergiefaktor für Erdgas 1,1 und für Strom 2,7 beträgt, ist am Ende folgender Primärenergiebedarf festzustellen:

| | |
|---|---|
| für Heizung: | 74,2 kWh/m²a |
| für das Warmwasser: | 32,2 kWh/m²a |
| für elektr. Hilfsenergie 7,3 kWh/m²a | |
| Gesamt: | 113,7 kWh/m²a |

Der von der EnEV 2007 für einen derartigen Neubau vorgegebene Höchstwert des Primärenergiebedarfs beträgt 116,7 kWh/m²a. Das heißt: Das Gebäude erfüllt die Anforderungen der EnEV 2007 für einen Neubau.

**Bild 10: Beispiel für die Ermittlung des Jahresprimärenergiebedarfs bei einem Einfamilienhaus**

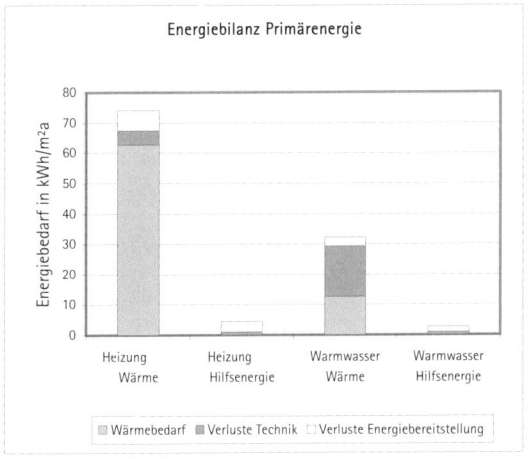

**Bild 11: Planungszeichnung für das Beispielgebäude**

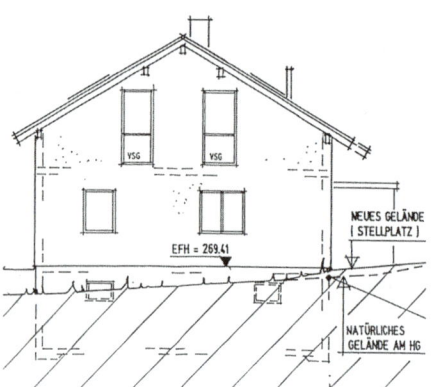

Das Beispiel zeigt anschaulich, dass neben den anlagentechnischen Verlustgrößen insbesondere der Jahresheizwärmebedarf entscheidend für die Energiebilanz ist.

## Die so genannten „Transmissionswärmeverluste"

Der Heizwärmebedarf ist insbesondere abhängig von der wärmetechnischen Beschaffenheit der wärmetauschenden Hülle des Hauses (Wände, Dach/oberste Geschossdecke, Fenster, unterer Gebäudeabschluss). Hier spricht man von den so genannten Transmissionswärmeverlusten. Dabei geht es schlicht um die Dämmung der Hülle, um möglichst wenig Energie aus den warmen Innenräumen nach außen zu verlieren.

> Achten Sie als Bauherr daher auf eine ausreichende Dämmung.

Die Dämmung kann durch einschalige Systeme (z. B. über Wände aus Leichthochlochziegeln oder Porenbeton) hergestellt werden oder über mehrlagige oder mehrschalige Systeme (z. B: Wände mit zusätzlicher Dämmung wie Kalksandstein und Mineralwolle oder Hartschäume).

Von besonderer Bedeutung sind so genannte Wärmebrücken, da sie sich nachteilig auf die Energiebilanz des Gebäudes auswirken. Sie entstehen an Kanten bzw. Bauteilfugen oder beim Zusammenbau von unterschiedlichen Materialien.

### Beispiel

Typische Wärmebrücken sind Fenster- und Türleibungen, Dachanschlüsse an aufgehenden Wänden, Einbindungen von Decken und Innenwänden in die Außenhülle.

Untersuchungen zeigen, dass Wärmebrücken insbesondere bei gut gedämmten Konstruktionen einen Anteil von bis zu 20% der Transmissionswärmeverluste haben. Sie sind deshalb in die Berechnung gesondert einzubeziehen.

### Lüftungswärmeverluste

Ein weiterer Verlustanteil sind die Lüftungswärmeverluste. Sie entstehen durch das notwendige Lüftungsverhalten (über freie Fensterlüftung oder maschinelle Lüftung). Sie können vermindert werden, indem man bei Lüftungsanlagen eine Wärmerückgewinnung einbaut. Das ist bei Passivhäusern bereits Standard und wird in den nächsten Jahren zunehmen.

## Mögliche Energiegewinne

Neben den Verlustanteilen sind auch Gewinnanteile zu bilanzieren. Dabei geht es insbesondere um die passiven Solargewinne über transparente Bauteile (Fenster) und auch um die internen Gewinne. Personen und Geräte geben Wärme ab, die für die Zwecke der Raumheizung ebenso bilanziert werden können, wie die Sonnenenergie über die Fenster.

### Beispiel

Im Beispiel des Einfamilienhauses ergibt sich in der Bilanz für die Heizwärme, dass die Verluste durch Wärmedurchgang (Transmission) und Lüftung mittels der erzielten solaren und inneren Gewinne nicht ausgeglichen werden können. Sie müssen durch die Heizung kompensiert werden. Hat man alle Verluste und Gewinne bilanziert, ergibt sich die Energie, die man dem Gebäude zuführen muss, damit die Soll-Temperatur in den Räumen erreicht wird. Diese Energie ist die Nutzenergie im Raum, der so genannte Jahresheizwärmebedarf. Er beträgt im Beispielfall 62,7 kWh/m²a.

## Bild 12: Bilanzierung der Gewinne und Verluste des Beispielgebäudes

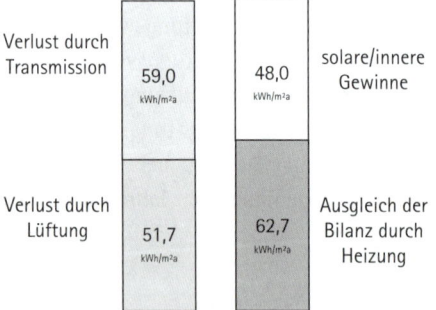

Die Bilanz kann insbesondere verbessert werden durch

- Verringerung der Transmissionswärmeverluste (bessere Dämmung und Fenster),
- geringere Lüftungswärmeverluste und
- ggf. höhere solare Gewinne (z. B. bessere Südorientierung).

# Ermittlung der Eingangsgrößen

Für die Berechnung der Energiebilanz des Gebäudes werden verschiedene Eingangsgrößen (z. B. geometrische Maße, Kennwerte für die energetische Qualität der Bauprodukte) benötigt.

Die zu verwendenden Maße (es gelten Außenmaße für die wärmetauschende Hülle) können beim Neubau den Konstruktionsplänen entnommen werden. Bei einem Bestandsgebäude kann es sein, dass keine Unterlagen existieren und ein Aufmaß erforderlich wird. Darüber hinaus sind die energetischen Eigenschaften der einzelnen Bauprodukte wichtig, die in der wärmetauschenden Hülle zum Einsatz kommen.

- Beim Neubau werden solche Werte einschlägigen Normen für wärmetechnische Eigenschaften (DIN 4108-4) oder Allgemeinen bauaufsichtlichen Zulassungen entnommen.
- Im Gebäudebestand ist das schwieriger. Oftmals müssen hier Werte abgeschätzt werden, weil keine Unterlagen mehr verfügbar sind. Für Fachleute ist dies kein Problem. Für alte Bauteile gibt es hinreichend gute Erfahrungswerte. In der Bekanntmachung der Regeln zur Datenaufnahme

und Datenverwendung im Wohngebäudebestand des Bundesministeriums für Verkehr, Bau und Stadtentwicklung vom 26. Juli 2007 sind darüber hinaus neben Vereinfachungen in der Datenaufnahme auch Erfahrungswerte veröffentlicht. Bei Verwendung dieser Daten kann davon ausgegangen werden, dass hinreichend genau gearbeitet wird.

- Ein weiterer Ansatz zur Senkung der Kosten bei der Erfassung erforderlicher Daten, insbesondere der Gebäude- und Haustechnikdaten, ist die Einbeziehung des Eigentümers in die Datenermittlung. Der Eigentümer kann dem Aussteller des Energieausweises Daten zur Verfügung stellen, z. B. in einem ausgefüllten Frage- oder Erhebungsbogen oder durch Übergabe von Bauakten. Viele kostenträchtige „Hausbesichtigungen" sollen so vermieden werden. Um fehlerhafte Angaben und damit fehlerhafte Ausweise bzw. Missbrauch zu vermeiden, darf der Aussteller Angaben, die nach einer Plausibilitätsprüfung offensichtlich nicht korrekt sind, seinen Berechnungen nicht zugrundelegen.

Allerdings hat diese Regelung auch einen „Pferdefuß". Wie soll der Aussteller die Plausibilitätsprüfung durchführen, wenn er nicht mal eine Inaugenscheinnahme vornehmen kann? Die Einordnung alter Bau- und Anlagenteile ist ohnehin oft schon für manche Fachleute schwierig. Wie soll erkannt werden, ob die Angaben zu den energetischen Qualitäten der Bauteile stimmen? Es ist zu befürchten, dass viele seriöse Aussteller ohne einen Vor-Ort-Termin einen Auftrag zur Erstellung eines Energieausweises nicht annehmen.

> Wie so oft im Leben zahlt sich die Konsultation eines guten Fachmanns (auch wenn er mehr Geld kostet) am Ende aus: Man erhält einen „belastbaren" Ausweis.

# Dargestellte Fläche im Energieausweis

Will man die energetische Qualität von Gebäuden vergleichbar machen, muss man auch Werte angeben, die man vergleichen kann. Der Bedarf eines großen Gebäudes ist logischerweise größer als der eines kleinen. Möchte man wissen, wer wirklich besser ist, dann muss man den absoluten Bedarf auf die zu beheizende Fläche beziehen. Die EnEV 2007 nimmt in diesem Zusammenhang die so genannte Gebäudenutzfläche $A_N$ in Bezug.

Alle spezifischen Angaben zur Energie im Energieausweis sind auf den Quadratmeter Gebäudenutzfläche bezogen. Diese Fläche ergibt sich bei Wohngebäuden aus dem beheizten Bruttovolumen $V_e$. Das ist das Gesamtvolumen aller beheizten Räume mit Außenmaßen. Da bei der Erstellung von Energieausweisen nach Verbrauch das beheizte Bruttovolumen $V_e$ in der Regel nicht bekannt ist, darf hier die Gebäudenutzfläche $A_N$ ersatzweise über festgelegte Formeln aus der Wohnfläche $A_{WF}$ ermittelt werden.

Die Wohnfläche $A_{WF}$ ist den meisten eine gut bekannte Größe. Steht sie doch im Mietvertrag oder auch im Kaufvertrag. Sie ist nach der Wohnflächenverordnung oder auf der Grundlage anderer Rechtsvorschriften (z. B. II. Berechnungsverordnung) zu ermitteln.

# Verbrauchsermittlung im Einzelnen

Die Verbrauchsermittlung wird genauso wie die Bedarfsberechnung von Fachleuten durchgeführt.

## Woher kommen die Verbrauchswerte?

Zur Ermittlung von Energieverbrauchskennwerten sind Verbrauchsdaten zu verwenden, die im Rahmen der Abrechnung von Heizkosten nach der Heizkostenverordnung für ein gesamtes Gebäude ermittelt wurden. Es können ggf. auch geeignete andere Energieverbrauchsdaten verwendet werden, wie z. B. solche aus Abrechnungen von Energie- oder Stromkosten. Diese Alternative kommt vor allem dann in Betracht, wenn z. B. keine Abrechnung nach der Heizkostenverordnung vorliegt (z. B. bei Eigennutzung). Der Verbrauch von nicht leitungsgebundener Energie (z. B. Heizöl, Holzpellets) kann durch entsprechende Erhebungen ermittelt werden (Ablesen und Protokollieren des Füllstandes des Öltanks oder des Pelletlagers). Der Strom für Hilfsenergien (Antriebe für Pumpen oder Regelung etc.) bleibt bei Wohngebäuden unberücksichtigt.

> Wie alle maßgeblichen Größen können auch Verbrauchswerte fehlerbehaftet sein (z. B. bei der Abschätzung des Holzpelletverbrauchs).

Die sichersten Angaben erhält man bei leitungsgebundener Energie (z. B. Strom), obwohl auch hier Streitigkeiten zwischen Energieunternehmen und Nutzern bekannt sind. Sollten sich Unstimmigkeiten ergeben, ist man gut beraten, einen Fachmann aufzusuchen oder die Verbraucherzentralen um Rat zu bitten.

# Der Einfluss des örtlichen Wetters

Der Raumwärmeverbrauch wird nicht unerheblich von den örtlichen Witterungsverhältnissen beeinflusst. Die EnEV 2007 bestimmt daher, dass der Energieverbrauch für Heizung einer Witterungsbereinigung zu unterziehen ist, um einen Vergleich mit Referenzdaten zu ermöglichen (siehe auch Ausführungen zu Blatt 3 des Energieausweises, S. 51).

Die erforderliche Witterungsbereinigung des Heizenergieverbrauchs soll nach anerkannten Regeln der Technik durchgeführt werden. Sie bleibt entsprechenden Fachleuten vorbehalten. Zur Unterstützung der Prozedur hat das Bundesministerium für Verkehr, Bau und Stadtentwicklung zur Ermittlung von Energieverbrauchskennwerten vereinfachte Regeln und notwendige Daten im Bundesanzeiger bekannt gemacht.

# Welcher Abrechnungszeitraum ist zugrunde zu legen?

Dem Energieverbrauchskennwert sind die Verbräuche mindestens der drei vorhergehenden Kalender- oder Abrechnungsjahre zugrundezulegen. Diese breite Datengrundlage soll vor allem Schwankungen auf Grund des Nutzerverhaltens ausgleichen. Der maßgebliche Energieverbrauchskennwert ist der Durchschnittswert der drei Kalender- oder Abrechnungsjahre.

# Wie wirkt sich längerer Leerstand aus?

Bei der Ermittlung der relevanten Energieverbräuche sollen längere Leerstände rechnerisch angemessen berücksichtigt werden, um Ergebnisverzerrungen zu vermeiden.

Es stellt sich die Frage, ab wann ein Leerstand zu berücksichtigen ist. Darauf gibt die EnEV 2007 keine Antwort mit Maß und Zahl. Es kann davon ausgegangen werden, dass nur struktureller (d.h. lang anhaltender Leerstand – länger als ein halbes Jahr) berücksichtigt wird. Kurze Leerstandszeiten z. B. bei einem normalen Mieterwechsel sind nicht betroffen.

# Modernisierungshinweise

Nach der EnEV 2007 sollen von den Ausstellern der Ausweise, den Fachleuten, Empfehlungen für kostengünstige Verbesserungen der Gesamtenergieeffizienz (Modernisierungsempfehlungen) entsprechend den Vorgaben der EU-Richtlinie gegeben werden.

### Zweck der Empfehlungen

Die Empfehlungen der Fachleute dienen vor allem dem Zweck, den Eigentümer auf energiebezogene Defizite und nahe liegende Verbesserungsmöglichkeiten für das Gebäude aufmerksam zu machen.

> Die Modernisierungsempfehlungen sollen übliche, rentable Maßnahmen zur energetischen Verbesserung des Gebäudes aufzeigen. Sie dienen nur der Information und verpflichten nicht zur Umsetzung der vorgeschlagenen Maßnahmen.

Zweck der Empfehlungen ist die Offenlegung des wirtschaftlich sinnvollen Investitionsbedarfs in die Immobilie aus energetischer Sicht.

Die Empfehlungen haben die Funktion eines fachlichen Ratschlags und sollen eine Energieberatung für den Eigentümer nicht ersetzen, können dazu aber einen Anstoß geben. Mit solchen Informationen verbindet sich die Erwartung, dass Hauseigentümer vermehrt gerade in die energetische Verbesserung ihrer Gebäude investieren.

## Modernisierungsempfehlungen sind Pflicht

Die grundsätzliche Pflicht zur Erstellung von Modernisierungsempfehlungen gilt sowohl für den Energieausweis auf Bedarfs- als auch für den Ausweis auf Verbrauchsbasis.

Hier ist anzumerken, dass die Erstellung der Modernisierungsempfehlungen auch den Energieausweis auf der Basis des Verbrauchs nicht gerade zum Schnäppchen macht. Aus einem Verbrauchswert kann der Fachmann noch keine Empfehlung ableiten, die als konkreter bauteilbezogener und anlagetechnisch fundierter Ratschlag gelten kann. Ohne genaue Ortsbesichtigung oder Kenntnis der Bausubstanz und der Anlagentechnik ist ein seriöser Ratschlag nicht zu geben.

Die Ratschläge sollen keine Modernisierungsplanungen oder ausführliche Energieberatungen sein. Hier geht es eher um eine „Impulsinformation". Dazu ist das vorgegebene Formular der EnEV 2007 zu benutzen (siehe Bild 10).

Die Empfehlungen sind kein expliziter Bestandteil des Energieausweises, sondern begleiten ihn.

> Modernisierungsempfehlungen sollen nicht dazu dienen, theoretisch noch mögliche Wege zur „Perfektionierung" aufzuzeigen. Sie sollen „handfeste", praktisch erprobte und erkennbar geeignete kostengünstige Maßnahmen aufzeigen.

Es geht nicht um die Einhaltung der Neubauanforderungen der EnEV 2007, sondern um die üblicherweise bei Bestandsgebäuden wirtschaftlichen Maßnahmen. Diese sind insbesondere im Anhang 3 der EnEV 2007 wiedergegeben.

### Beispiel

Austausch der Fenster mit bestimmten neuen Qualitätsfenstern, zusätzliche Dämmung des Gebäudes, Ersatz des Wärmeerzeugers etc.

Sind kostengünstige Maßnahmen nicht möglich, z. B. bei neueren Gebäuden und Altbauten nach größerer energetischer Modernisierung, muss der Ausweisaussteller dies im entsprechenden Formular eintragen.

Das heißt, dass das Blatt für Modernisierungsempfehlungen zum Energieausweis immer beizufügen ist, egal ob Modernisierungsempfehlungen darauf stehen oder nur ein Kreuz gemacht wurde, dass sie nicht möglich sind.

Auch hier muss der Aussteller eindeutig identifizierbar sein.

# Bild 10: Muster für Modernisierungsempfehlungen zum Energieausweis

## Modernisierungsempfehlungen zum Energieausweis
gemäß § 20 Energieeinsparverordnung

### Gebäude
| Adresse | Hauptnutzung / Gebäudekategorie |
|---|---|
| | |

### Empfehlungen zur kostengünstigen Modernisierung
☐ sind möglich ☐ sind nicht möglich

Empfohlene Modernisierungsmaßnahmen

| Nr. | Bau- oder Anlagenteile | Maßnahmenbeschreibung |
|---|---|---|
| | | |
| | | |
| | | |
| | | |
| | | |
| | | |
| | | |

☐ weitere Empfehlungen auf gesondertem Blatt

**Hinweis:** Modernisierungsempfehlungen für das Gebäude dienen lediglich der Information. Sie sind nur kurz gefasste Hinweise und kein Ersatz für eine Energieberatung.

### Beispielhafter Variantenvergleich (Angaben freiwillig)

| | Ist-Zustand | Modernisierungsvariante 1 | Modernisierungsvariante 2 |
|---|---|---|---|
| Modernisierung gemäß Nummern: | | | |
| Primärenergiebedarf [kWh/(m²·a)] | | | |
| Einsparung gegenüber Ist-Zustand [%] | | | |
| Endenergiebedarf [kWh/(m²·a)] | | | |
| Einsparung gegenüber Ist-Zustand [%] | | | |
| $CO_2$-Emissionen [kg/(m²·a)] | | | |
| Einsparung gegenüber Ist-Zustand [%] | | | |

Aussteller

................................
Datum    eigenhändige Unterschrift des Ausstellers

*Quelle: EnEV 2007*

# Wer stellt Energieausweise aus?

Bisher wurden Energieausweise bei Gebäudeplanungen von den entsprechenden Planern (Architekten, Ingenieure) ausgestellt. Das ändert sich nun, soweit die Ausstellung von Energieausweisen für vorhandene Gebäude betroffen ist.

Man kann prinzipiell zwei Verfahren unterscheiden:

- die Ausstellung beim Neubau und
- die Ausstellung für ein Bestandsgebäude

## Neubauten

Die Ausstellungsberechtigung für Energieausweise in den Fällen der Errichtung, der Änderung und der Erweiterung von Gebäuden soll wegen des engen Sachzusammenhangs mit bauordnungsrechtlichen Verfahren der Bundesländer – wie bisher – auch von den Ländern geregelt werden. Die Länder legen daher fest, wer ausstellungsberechtigt ist. In der Regel sind es bauvorlageberechtigte Planer oder Sachverständige. Die Frage, wer einen Energieausweis ausstellen darf, beantwortet sich jedoch von selbst, wenn man einen Architekten oder Planer beauftragt, die Bauvorlage zu erstellen. Er schaltet dann die notwendigen Fachplaner ein.

## Bereits bestehende Gebäude

Mit der EnEV 2007 wird die Berechtigung zur Ausstellung von Energieausweisen in den Fällen des Verkaufs, der Vermietung und der Verpachtung von bestehenden Gebäuden einschließlich Modernisierungsempfehlungen bundeseinheitlich festgelegt. Durch die Vorgaben des § 21 EnEV 2007 soll sichergestellt werden, dass zur Ausstellung von Energieausweisen nur berechtigt ist, wer hierzu die erforderliche Qualifikation besitzt. Wer zur Ausstellung des Energieausweises berechtigt ist, ist gleichzeitig auch zur Ausstellung von Modernisierungsempfehlungen berechtigt.

> Zusätzliche Zertifizierungen oder etwa Eintragungen in eine Ausstellerliste gibt es nicht.

Der Aussteller muss über eine der folgenden Erstausbildungen verfügen:

- Absolvent bestimmter baubezogener Studiengänge: Architektur, Hochbau, Bauingenieurwesen, Technische Gebäudeausrüstung, Bauphysik (erfasst werden sowohl Ingenieure im Bereich Bauphysik als auch Diplom-Physiker der Fachrichtung Bauphysik), Maschinenbau und Elektrotechnik, außerdem andere technische oder naturwissenschaftliche Fachrichtungen mit einem Ausbildungsschwerpunkt auf einem der genannten Gebiete (herkömmliche Studiengänge an Universitäten, Hochschulen und Fachhochschulen als auch Bachelor- und Masterstudiengänge)

- Absolvent von Studiengängen im Bereich der Innenarchitektur

- Handwerksausbildungen, die dem Hochbau zugerechnet werden können, wie bestimmte Tätigkeitsbereiche des Baugewerbes (Maurer und Betonbauer, Zimmerer, Dachdecker, Wärme-, Kälte- und Schallschutzisolierer), Installation und Heizungsbau sowie Schornsteinfeger (Meister-

prüfung in einem der genannten Handwerke, Eintragung in die Meisterrolle auf Grund einer Ausnahmebewilligung nach § 7 Abs. 3 Handwerksordnung oder einer Ausübungsberechtigung nach § 7 Abs. 7 Handwerksordnung)
- Staatlich anerkannter oder geprüfter Techniker in den Bereichen Hochbau, Bauingenieurwesen und Technische Gebäudeausrüstung

Unabhängig von der Erstausbildung ist eines der folgenden Zusatzkriterien zu erfüllen:

- Abschluss eines Studiums mit einem Ausbildungsschwerpunkt im energiesparenden Bauen (ohne zusätzliche Voraussetzungen bzw. Anforderungen an die benötigten Fachkenntnisse, da sie bereits Gegenstand des Studiums waren). Anstelle eines solchen Schwerpunkts im Bereich des energiesparenden Bauens während des Studiums ist eine mindestens zweijährige Berufserfahrung ausreichend, wenn sich diese Berufserfahrung auf wesentliche bau- oder anlagentechnische Tätigkeitsbereiche des Hochbaus bezieht
- Erfolgreiche Teilnahme an einer Fortbildungsmaßnahme im Bereich des energiesparenden Bauens (Ziele und Inhalte gemäß Anlage 11 EnEV 2007)
- Öffentlich bestellter und vereidigter Sachverständiger für ein Sachgebiet im Bereich des energiesparenden Bauens oder in wesentlichen bau- oder anlagentechnischen Tätigkeitsbereichen des Hochbaus (nach § 91 Abs. 1 Nr. 8 Handwerksordnung oder § 36 Gewerbeordnung)

- Eine nicht auf bestimmte Gewerke beschränkte Bauvorlageberechtigung nach den bauordnungsrechtlichen Vorschriften der Länder; Berufsgruppen, deren Bauvorlageberechtigung landesrechtlich auf bestimmte Gebäudeklassen beschränkt ist, sollen Energieausweise und Modernisierungsempfehlungen für bestehende Wohngebäude auch nur in diesem Rahmen ausstellen dürfen

Insgesamt gibt es für die Ausstellung von Energieausweisen für den Wohnungsbereich eine relativ große Gruppe von Ausstellungsberechtigten. Es ist anzunehmen, dass man für die Ausstellung ohne große Mühe einen entsprechenden Fachmann findet. Es ist aber nicht ganz einfach zu erkennen, ob ein sich anbietender Fachmann die oben beschriebenen Qualifikationen wirklich erfüllt. In der EnEV 2007 ist zwar die unberechtigte Ausstellung von Energieausweisen ein Bußgeldtatbestand, vor schwarzen Schafen schützt dies jedoch nicht.

- Hilfestellung bei der Suche nach einem qualifizierten Fachmann bieten die jeweiligen örtlichen Kammern der Architekten, Ingenieure oder auch der Handwerker.
- Auch Verbraucherzentralen und Energieagenturen helfen weiter.

### Beispiel

Die Deutsche Energie-Agentur (dena) in Berlin bietet auf ihrer Internetseite (siehe S. 123) einen besonderen Service an. Man braucht nur seine Postleitzahl einzugeben und erhält alle bei der dena gelisteten Anbieter für die Ausstellung von Energieausweisen. Dabei bekommt man auch Informationen, über welche

> Qualifikation der Aussteller verfügt (Ingenieurbüro oder Handwerker etc.). Bisher sind bereits 15.000 Aussteller in der Datenbank gelistet. Da sie ihre Zeugnisse bei der dena vorlegen müssen, kann man sicher sein, dass man auch auf einen berechtigten Aussteller stößt. Darüber hinaus verlangt die dena, dass bestimmte Qualitätsstandards eingehalten werden, wie z. B. die Aufnahme der Gebäudedaten durch den Aussteller selbst bzw. die Plausibilitätskontrolle vor Ort. Die Datenbank ist für die Aussteller kostenpflichtig. Nicht alle Aussteller werden sich deshalb dort listen lassen.

Größere Wohnungsbauunternehmen verfügen oft über einen eigenen Planungsstab. Die Mitarbeiter dort können durchaus über die von der EnEV 2007 geforderte Qualifizierung verfügen. In diesem Fall wäre es möglich, dass auch ein Mitarbeiter eines Wohnungsbauunternehmens für das eigene Unternehmen einen Ausweis ausstellt. Das Kriterium des „unabhängigen Handelns" wird in diesem Fall durch ein Handeln nach einheitlichen, vorgegebenen Regeln erfüllt.

## Übergangsregelungen

Für Energieberater nach Maßgabe der Richtlinie des Bundesministeriums für Wirtschaft und Technologie über die Förderung der Beratung zur sparsamen und rationellen Energieverwendung in Wohngebäuden vor Ort („Vor-Ort-Beratungsförderung") und Personen mit einer abgeschlossenen Berufsausbildung im Baustoff-Fachhandel oder in der Baustoffindustrie, die eine Weiterbildung zum Energiefachberater im Baustoff-Fachhandel oder in der Baustoffindustrie erfolgreich absolviert haben, gilt eine Stichtagsregelung.

Bereits qualifizierte Berater dürfen Ausweise ausstellen. Neue Berater kommen nicht hinzu.

# Wie viel kostet ein Ausweis?

Weder in der Verordnung noch in begleitenden Bekanntmachungen hat die Bundesregierung Preistabellen vorgegeben oder Regeln für die Honorarberechnung festgelegt. Das ist auch unmöglich, da sich Größe, bauliche Vielfalt und anlagentechnische Ausstattung von Gebäuden erheblich unterscheiden können und daher kein Fall dem anderen gleicht. Auch die vorliegenden Bauunterlagen können von sehr unterschiedlicher Qualität sein. Darüber hinaus müsste man auch den unterschiedlichen Aufwand für Verbrauchs- und Bedarfsermittlung betrachten. All das hat die Bundesregierung dazu bewogen, keine Festlegung zur Vergütung zu treffen.

Preise für Energieausweise sind Marktpreise. Diese Preise hängen ganz wesentlich vom Aufwand der notwendigen Datenermittlungen ab und müssen objektspezifisch ermittelt werden. Die Vergütung ist in jedem Fall gesondert zu prüfen.

> Um böse Überraschungen zu vermeiden, sollte die Vergütungsvereinbarung vor Beginn der Arbeiten zwischen den Vertragsparteien geschlossen werden.

Die Leistungen zur „Thermischen Bauphysik" in der Honorarordnung für Architekten und Ingenieure (§§ 77 – 79 HOAI) beschreiben das Leistungsbild für die EnEV nur unzureichend und sind somit zur Honorarfindung nicht aussagefähig. Angebote können hier auf der Grundlage des erforderlichen Zeitaufwands und Stundensatzes gemacht werden.

## Ungefähre Richtwerte bei Bedarfsausweisen

Bisherige Erfahrungen liegen zu freiwillig ausgestellten Energieausweisen vor. Bei der dena wurden z. B. in einem Feldversuch über 7.000 Ausweise auf der Basis des Energiebedarfs ausgestellt. Dabei hing der Preis insbesondere vom Umfang der Datenbeschaffung am Gebäude ab:

- Gibt es Unterlagen?
- Muss vor Ort ermittelt werden?
- Kann der Eigentümer dabei helfen?
- Bestehen Anfahrtswege?

Der Preis für einen Bedarfsausweis dürfte sich bei normalen Gebäudekonfigurationen im Rahmen von 100 bis 350 EUR bewegen. Insbesondere bei Verwendung der Vereinfachungen aus den Bekanntmachungen des BMVBS und bei Zulieferung der notwendigen Daten durch den Eigentümer kann der Preis relativ gering gehalten werden. Aber auch dann sind mindestens zwei bis drei Ingenieurstunden notwendig.

Eine hochwertige Bestandsaufnahme und eine entsprechende Beratung wird mehrere 100 EUR bis 1.000 EUR kosten. Sie ist von der EnEV 2007 nicht vorgeschrieben, macht aber Sinn, wenn man umfangreich sanieren will. Dann ist der Energieausweis eher eine „nette Zusatzleistung". Eine Energieberatung wird im Rahmen des „Vor-Ort-Beratungsprogramms" des Bundeswirtschaftsministeriums finanziell gefördert (Einzelheiten hierzu erfährt man über das BMWi oder die BAfA, Internetadressen siehe S. 122).

> Bei der Vereinbarung mit einem Aussteller muss darauf geachtet werden, dass nicht nur der Ausweis ausgestellt wird, sondern auch die Modernisierungsempfehlung. Das gilt für Bedarfs- und Verbrauchsausweise gleichermaßen.

## Ungefähre Richtwerte bei Verbrauchsausweisen

Die Ausstellung von Verbrauchsausweisen sollte gegenüber der von Bedarfsausweisen preiswerter sein. Aber auch hier ist die Datenlage entscheidend. Es stellen sich Fragen wie:

- Müssen Leerstände erfasst und berücksichtigt werden?
- Wie soll das Warmwasser einbezogen werden?
- Wie kommt man zur Modernisierungsempfehlung?

Gerade letzteres bereitet Mühe. Kann man doch aus einem Verbrauchskennwert nicht auf die konkreten Schwachstellen des Gebäudes schließen. Hier ist für die Preisfindung entscheidend, ob das Gebäude z. B. durch Fachleute begangen werden muss. Allgemeine Aussagen zur Vergütung können noch nicht getroffen werden. Mit einem Preis von 50 EUR aufwärts sollte man auch bei diesem Ausweis rechnen.

> Vorsicht bei Billigangeboten für die Ausweiserstellung über das Internet!

Angebote, bei denen man selbst als „Bereitsteller" von Daten Verbrauchswerte eingibt und rechnen lässt und ein „Berechtigter" eine elektronische Unterschrift sendet, erfüllen im

Grunde nicht die wesentlichen Voraussetzungen (wie z. B. Plausibilitätsprüfungen). Immerhin haftet jedoch der Aussteller für das richtige Ergebnis.

## Wichtiges für Mieter

Im Rahmen von Mietverträgen ist Folgendes zu beachten: Falls Sie die Kosten für einen Energieausweis auf Ihrer Betriebskostenabrechnung finden, können Sie Widerspruch einlegen. Die Kosten des Energieausweises können nicht auf Mieter umgelegt werden. Sie entstehen nicht laufend und sind keine Betriebskosten. Dies gilt auch im Zusammenhang mit einer Modernisierung. Die Kosten der Energieausweiserstellung gehören nicht zu den Baunebenkosten.

# Welche Wirkung hat der Energieausweis auf Verträge?

Nach § 5a Satz 3 EnEG dienen Energieausweise lediglich der Information. Das Energieeinsparungsgesetz sieht keine weiteren Rechtswirkungen für sie vor.

> Rechtswirkungen in Kauf- und Mietverhältnissen können in der Regel nur dann entstehen, wenn die Vertragsparteien den Energieausweis (freiwillig) ausdrücklich zum Vertragsbestandteil machen.

In diesen Fällen können sich bei fahrlässiger Falschinformation Gewährleistungsansprüche und bei Arglist Schadensersatzansprüche ergeben. Natürlich haben professionelle Wohnungsunternehmen bereits Vertragsklauseln für Mietverträge erarbeitet, die klarstellen, dass der Inhalt des Energieausweises als nicht mit dem Mietvertrag vereinbart gilt. Das Vorhandensein oder das Zugänglichmachen eines Energieausweises ist weder Voraussetzung für die Rechtswirksamkeit eines Kauf- oder Mietvertrages oder einer Auflassung noch Voraussetzung für die Eintragung eines Eigentumswechsels in das Grundbuch. Der Grund: Energieausweise sollen im Immobilienmarkt nicht erschwerend wirken, sondern als Marktinstrument lediglich zusätzliche Informationen vermitteln.

## Kauf- und Mietverträge

Wenn der Energieausweis nicht Bestandteil des Vertrages geworden ist, kann er keine direkte Auswirkung auf Kauf-

oder Mietverhältnisse haben. Wie sieht es jedoch mit Verträgen aus, bei deren Zustandekommen der Inhalt des Energieausweises ein wesentlicher Grund zum Vertragsschluss war und der Vermieter/Verkäufer wissentlich falsche Informationen zugänglich gemacht hat? Hierzu gibt es bis jetzt weder Beispiele noch eine Rechtsprechung. Es muss aber davon ausgegangen werden, dass der Vermieter/Verkäufer mit dem Energieausweis geworben hat, um den Vertrag zu schließen. Das könnte zu Ansprüchen des Mieters/Käufer führen.

## Verträge mit Ausstellern von Energieausweisen

Ansprüche des Eigentümers/Vermieters bestehen in jedem Fall im Sinne des Werkvertragsrechts, wenn der Aussteller seine Leistung nur mangelhaft erbracht hat. Hat ein Wohnungsbauunternehmen durch einen ausstellungsberechtigten Mitarbeiter den Energieausweis ausgestellt, haftet das Unternehmen.

# Energieausweise für Nichtwohngebäude

Auch die Eigentümer von so genannten Nichtwohngebäuden müssen in einigen Fällen einen Energieausweis vorweisen können. Da sich solche Immobilien, wie z. B. Geschäfts- oder Bürohäuser, von privaten Wohngebäuden deutlich unterscheiden, sind auch die Energieausweise unterschiedlich.

In diesem Kapitel lesen Sie,

- wann ein Energieausweis für solche Gebäude benötigt wird (S. 84 ff.);
- auf welchen Faktoren Bedarfs- und Verbrauchsberechnung beruhen (S. 90 ff.).
- ab wann die Ausweispflicht gilt und wer die Ausweise ausstellt (S. 93 ff.);
- welche Aussagen einem solchen Energieausweis zu entnehmen sind (S. 97 ff.).

# Grundsätzliches zum Energieausweis

Nichtwohngebäude (wie z. B. Bürogebäude) verbrauchen in der Regel ein Vielfaches mehr an Energie als Wohngebäude. Insbesondere die Beleuchtungssysteme und raumlufttechnische Anlagen schlagen in dieser Gebäudekategorie zu Buche. Wie bei Wohngebäuden muss der Eigentümer

- beim Bau,
- dem Verkauf und
- der Vermietung

von Nichtwohngebäuden dem potenziellen Käufer oder Mieter einen Ausweis über die Gesamtenergieeffizienz des Gebäudes vorlegen.

# Wann ist ein Energieausweis nötig?

Folgende Fälle für die Ausstellung lassen sich bei Nichtwohngebäuden unterscheiden:

|    | Maßnahme | Zur Ausstellung verpflichtet | Kann den Energieausweis verlangen |
|----|----------|------------------------------|-----------------------------------|
| 1. | Errichtung eines Gebäudes (Neubau) | Bauherr (bzw. Bauträger) | Eigentümer |
| 2. | Verkauf eines Gebäudes, Wohn- oder Teileigentums | Verkäufer | Käufer |

| 3. | Neuvermietung eines Gebäudes oder einer Wohnung (Pacht oder Leasing sind gleich zu behandeln) | Vermieter (Verpächter, Leasinggeber) | Mieter (Pächter, Leasingnehmer) |
|---|---|---|---|
| 4. | Aushang bei „öffentlichen Gebäuden" | Eigentümer | „Öffentliches Verlangen" |

# Nichtwohngebäude ohne Ausweispflicht

Für folgende Gebäude bedarf es keines Energieausweises:

- Baudenkmäler (Baudenkmäler sind ausschließlich nach Landesrecht geschützte Gebäude; dazu werden sie in der Landesdenkmalliste geführt);
- Gebäude, die dem Gottesdienst oder anderen religiösen Zwecken gewidmet sind (Die Ausnahme erstreckt sich nicht auf Gebäude, die nur in einem weiteren Sinne dem kirchlichen Leben dienen, wie z. B. Gemeindehäuser);
- Betriebsgebäude, die überwiegend zur Aufzucht oder zur Haltung von Tieren genutzt werden;
- Betriebsgebäude, soweit sie nach ihrem Verwendungszweck großflächig und lang anhaltend offen gehalten werden müssen (offene Lagerhäuser);
- unterirdische Bauten (z. B. U-Bahnhöfe);
- Unterglasanlagen und Kulturräume für Aufzucht, Vermehrung und Verkauf von Pflanzen;

- Traglufthallen, Zelte und Gebäude, die dazu bestimmt sind, wiederholt aufgestellt und zerlegt zu werden;
- provisorische Gebäude mit einer geplanten Nutzungsdauer von bis zu zwei Jahren;
- sonstige handwerkliche, gewerbliche und industrielle Betriebsgebäude, die nach ihrer Zweckbestimmung auf eine Innentemperatur von weniger als 12 Grad Celsius oder jährlich weniger als vier Monate beheizt sowie jährlich weniger als zwei Monate gekühlt werden.
- Ebenfalls ausgenommen sind so genannte „kleine Gebäude". Das sind untergeordnete Gebäude mit einer Nutzfläche von nicht mehr als 50 m² wie z. B. Kioske, Pförtnerlogen etc. Hier greift eine „Bagatellregelung".

## Fortgeltung alter Ausweise

Bereits bestehende Energieausweise,

- die von Gebietskörperschaften oder auf deren Veranlassung von Dritten nach einheitlichen Regeln ausgestellt wurden und
- Energieausweise nach dem von der Bundesregierung beschlossenen Entwurf dieser Verordnung (Bundesrats-Drucksache 282/07)

haben übergangsweise volle Gültigkeit. Das heißt: Sie gelten 10 Jahre ab Ausstellungsdatum.

## Beispiel

Es handelt sich dabei insbesondere um Energieausweise, die im Rahmen des Feldversuches der dena erstellt wurden.

# Besonderheiten der Energieausweise bei öffentlichen Gebäuden

Die Pflicht zur Ausstellung und zum Aushang von Energieausweisen in bestimmten öffentlich genutzten Gebäuden ist eine zusätzliche Pflicht für die öffentliche Hand und soll deren Vorbildfunktion hervorheben. Die Regelung benötigt weder den Anlass des Verkaufs oder der Neuvermietung noch eine bauliche Änderung oder Erweiterung. Sie ist sozusagen anlassfrei. Sie kann aber mit dem Neubau, der Änderung oder Erweiterung eines (Nichtwohn-) Gebäudes zusammenfallen. Neben einer Mindestgröße von mehr als 1.000 m² Nutzfläche ist Voraussetzung für den Energieausweis, dass auf dieser Mindestfläche Behörden und sonstige nichtbehördliche Einrichtungen öffentliche Dienstleistungen für eine große Anzahl von Menschen erbringen und deshalb einen erheblichen Publikumsverkehr haben.

## Beispiel

Typische (öffentliche) Dienstleistungen in diesem Sinne sind Leistungen der Sozialämter und ähnlicher gemeindlicher Ämter mit erheblichem Publikumsverkehr, Arbeitsagenturen, Schulen, Universitäten u. Ä.

Die EnEV 2007 stellt keine Positivliste auf. Vielmehr haben die öffentlichen Hände vor Ort selbst zu entscheiden, ob der Ausweis ausgestellt werden soll. Oftmals wird die Politik vorbildmäßig oder wenigstens transparent agieren wollen. Für Gebäude, bei denen aus rechtlichen Gesichtspunkten eine Entscheidung nicht eindeutig ist, können trotzdem Ausweise ausgestellt und ausgehängt werden.

Die Bundesregierung hat bereits sehr frühzeitig begonnen, Energieausweise für die Obersten Bundesbehörden auszustellen. Sie geht dabei von dem Grundsatz aus, dass die Regierung mit gutem Beispiel voran gehen soll. Einer der ersten Ausweise wurde im Bundesministerium für Verkehr, Bau und Stadtentwicklung direkt im Eingangsfoyer ausgehängt (Bild 13).

Nicht zur „Ausweispflicht" führt die Öffnung von Gebäuden zu Besichtigungszwecken (z. B. Kulturdenkmäler) und die Bereitstellung von Räumlichkeiten zur Nutzung durch Dritte, ohne dass zugleich „öffentliche Dienstleistungen" im oben erläuterten Sinne erbracht werden (z. B. Nutzung von Turn- und Sporthallen durch Vereine u.Ä.). Kaufhäuser, Einzelhandelsgeschäfte, Bankgebäude und ähnliche Gebäude für private Dienstleistungen sind nicht von der Aushangpflicht erfasst.

## Bild 13: Energieausweis (Aushang)

für das Bundesministerium für Verkehr, Bau und Stadtentwicklung, ausgestellt im Jahre 2006 auf der Basis von Berechnungen nach der DIN V 18599, an gut sichtbarer Stelle im Foyer des Ministeriums ausgehängt. Der Primärenergiebedarfswert liegt 53% unter dem EnEV-Vergleichswert.

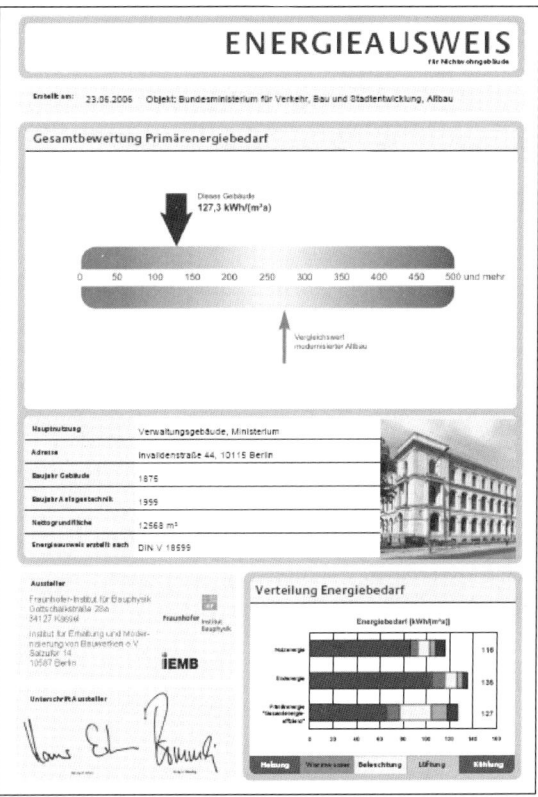

# Der große Unterschied: Bedarfs- und Verbrauchsausweise

Im Grundsatz gilt für Nichtwohngebäude das gleiche wie bei Wohngebäuden: Energieausweise sind für das gesamte Gebäude auszustellen und können nicht für einzelne Bereiche angefertigt werden. Der Spaltungsgrundsatz zwischen Wohn- und Nichtwohngebäude bleibt davon unberührt (zum Spaltungsgrundsatz siehe S. 20).

## Verbrauchs- oder Bedarfsausweis?

Wie bei Wohngebäuden ist es prinzipiell möglich, Energieausweise

- auf der Grundlage von Bedarfsrechnungen oder
- auf der Basis von Verbrauchsmessungen

zu erstellen. In der Regel genügt eine von beiden Angaben. Energieausweise können (freiwillig) auch beide Angaben enthalten.

Der Eigentümer des Gebäudes hat unabhängig von der Gebäudekategorie, dem Alter und der Größe des Gebäudes die freie Wahl, ob er einen Energieausweis auf der Basis des Bedarfs oder des Verbrauchs ausstellen lässt.

> Ausnahme: Die Wahlfreiheit besteht nicht bei Neubauten, da hier bei der Planung des Gebäudes noch keine Verbrauchsdaten vorliegen.

Da aber bei Neubauten ohnehin ein energetischer Nachweis erstellt werden muss, ist der Energieausweis nach Bedarf ein „Abfallprodukt" dieser Nachweise.

## Neue Anforderungen an die Bedarfsberechnung

Im Gegensatz zum Wohnungsbau musste die Kategorie der Nichtwohngebäude in der EnEV 2007 mit einem neuen speziellen Verfahren bedacht werden, um z. B. die eingebaute Beleuchtung und Klimaanlagen in der Energiebilanz berücksichtigen zu können. Zur Integration der Energiebedarfsanteile Beleuchtung und Klimaanlagen in die Gesamtenergieeffizienzberechnung wurde das vorhandene technische Regelwerk umfangreich neu bearbeitet und angepasst. Die neu herausgegebene Norm DIN V 18599 „Energetische Bewertung von Gebäuden" ist ein Regelwerk, das den Nutz-, End- und Primärenergiebedarf von Nichtwohngebäuden abbilden kann.

Ähnlich wie bei der Berechnung des Energiebedarfs von Wohngebäuden werden ein „Normnutzer/Normnutzung" und ein „Normklima" zugrunde gelegt. Der tatsächliche Verbraucher bzw. das tatsächliche Wetter können davon im Einzelfall erheblich abweichen.

## Neue Anforderungen an die Verbrauchsberechnung

Im Gegensatz zu Wohngebäuden müssen wegen der Beleuchtung und der raumlufttechnischen Anlagen im Verbrauchsausweis neben den Heizenergieverbrauchskennwerten auch Stromverbrauchskennwerte angegeben werden.

Für die Angaben im Verbrauchsausweis sind sowohl

- Verbrauchsdaten aus der Heizkostenabrechnung als auch
- Verbrauchsdaten für den Strombezug

notwendig. Gleichermaßen wie beim Wohnungsbau sind drei vorhergehende Abrechnungsperioden (sowohl für die Heizung als auch den Strom) sowie Leerstände entsprechend zu berücksichtigen.

Die Einbeziehung des Warmwasserverbrauchs wird ähnlich wie bei Wohngebäuden geregelt. Es gibt prinzipiell zwei Varianten:

- zentrale Warmwasserbereitung und damit Einbeziehung in den Verbrauchswert oder
- dezentrale (in der Regel elektrische) Warmwasserbereitung, die nicht in den Verbrauchswert einbezogen ist.

Welche der beiden Varianten dargestellt wird, ist durch ein angekreuztes Kästchen im Ausweisformular kenntlich gemacht. Der Heizenergieanteil ist einer Witterungsbereinigung zu unterziehen. Wie beim Wohnungsbau wird der Warmwasseranteil nicht witterungsbereinigt; er ist unabhängig von den sich einstellenden Temperaturen im Winter. Im Nichtwohnbereich kann auch Wärme für weitere Prozesse bereitgestellt werden (z. B. für Produktionsprozesse, Befeuchten, Dampf etc.). Diese Wärmeanteile werden ebenfalls aus dem

Heizenergieverbrauchskennwert herausgerechnet. Das wird durch Fachleute erledigt. Sie können dazu die Bekanntmachungen des BMVBS zugrunde legen.

Bezugsfläche bei Nichtwohngebäuden ist einheitlich für alle Gebäude sowohl bei Bedarfs- als auch bei Verbrauchsermittlungen die Nettogrundfläche (NGF) des Gebäudes. Sie wird nach der DIN 277 ermittelt. Bei einem Bestandsgebäude kann sie auch vereinfacht über entsprechende Faktoren aus anderen Flächenangaben (z. B. der Bruttogeschossfläche) ermittelt werden.

# Ab wann gilt die Ausweispflicht?

- Für Neubauten gilt: Wird nach In-Kraft-Treten der EnEV 2007 am 1. Oktober 2007 der Bauantrag gestellt, muss ein Energieausweis erarbeitet werden.
- Energieausweise für Nichtwohngebäude müssen erst ab dem 1. Januar 2009 in den Fällen des Verkaufs und der Vermietung zugänglich gemacht und in den Fällen der Aushangpflicht bei öffentlichen Gebäuden ausgestellt und ausgehängt werden.

Die relativ großzügig bemessene Übergangszeit beruht vor allem auf dem Umstand, dass sich die in Betracht kommenden Fachleute erst mit dem umfangreichen Regelwerk der neuen Berechnungsnorm, die für Nichtwohngebäude anzuwenden ist, vertraut machen müssen. Hierzu gehört auch die nach dem In-Kraft-Treten der EnEV 2007 benötigte Zeit für die Organisation der Fortbildung.

Wie bei Wohngebäuden sind auch bei Nichtwohngebäuden die Energieausweise 10 Jahre ab Ausstellungsdatum des Ausweises gültig. Danach muss ein neuer Energieausweis erstellt werden.

# Bereits ausgestellte Ausweise

Auf freiwilliger Basis ausgestellte Ausweise gelten weiter, wenn sie vor dem In-Kraft-Treten der EnEV 2007 von Gebietskörperschaften oder auf deren Veranlassung von Dritten auf der Grundlage einheitlicher Regeln ausgestellt worden sind.

### Beispiel

Dies sind z. B. im Vollzug von Förderprogrammen ausgestellte Ausweise, bei Landesenergiesparaktionen oder vergleichbaren gemeindlichen Projekten, im Zuge der Tätigkeit der öffentlich bezuschussten Energieagenturen. Dazu gehören auch diejenigen Ausweise, die während der von der Deutschen Energie-Agentur durchgeführten Feldversuche zur Erprobung von Energiepässen für Nichtwohngebäude ausgestellt worden sind.

Darüber hinaus soll dies auch für Energieausweise gelten, die vor dem In-Kraft-Treten dieser Verordnung nach den Bestimmungen der Energieeinsparverordnung in der Fassung des Kabinettbeschlusses der Bundesregierung vom 25. April 2007 ausgestellt worden sind.

Nach dem 1. Oktober 2007 müssen ausgestellte Energieausweise den Anforderungen der EnEV 2007 genügen. Weichen Energieausweise nach diesem Zeitpunkt nach Inhalt oder

Aufbau davon ab, dürfen sie für die Erfüllung von Anforderungen der EnEV 2007 nicht verwendet werden. Das bedeutet, dass Ausweise nach den Bedarfsregeln der EnEV 2007 (Verwendung der DIN V 18599) oder unter Beachtung der Verbrauchsregelungen der EnEV 2007 (Ermittlung von Heiz- und Stromverbrauchskennwerten) erstellt sein müssen. Frühere Energieausweise nach der EnEV 2002 z. B. können das nicht leisten.

# Modernisierungsempfehlungen

Auch für Nichtwohngebäude sollen Empfehlungen für kostengünstige Verbesserungen der Gesamtenergieeffizienz (Modernisierungsempfehlungen) gegeben werden. Die Empfehlungen dienen hier dem gleichen Zweck wie bei Wohngebäuden: Der Eigentümer soll auf energiebezogene Defizite und nahe liegende Verbesserungsmöglichkeiten des Gebäudes aufmerksam gemacht werden.

Sie dienen also nur der Information und verpflichten nicht zur Umsetzung der vorgeschlagenen Maßnahmen. Sie haben die Funktion eines fachlichen Ratschlags und sollen eine Energieberatung des Eigentümers nicht ersetzen, können dazu aber einen Anstoß geben.

> Die grundsätzliche Pflicht zur Erstellung von Modernisierungsempfehlungen bei Nichtwohngebäuden gilt sowohl für den Energieausweis auf Bedarfs- als auch für den Ausweis auf Verbrauchsbasis.

# Wer stellt Energieausweise für Nichtwohngebäude aus?

Für die Ausstellung von Energieausweisen für Nichtwohngebäude kommt nur ein eingeschränkter Kreis von Fachleuten in Frage. Das ergibt sich aus der umfassenden Energiebilanzierung für Nichtwohngebäude, die spezielle Kenntnisse und Qualifikationen verlangt.

Aussteller sind hier Akademiker einschlägiger Berufsrichtungen (insbesondere Absolventen von bestimmten baubezogenen Studiengängen, wie die Bereiche Architektur, Hochbau, Bauingenieurwesen, Technische Gebäudeausrüstung, Maschinenbau und Elektrotechnik).

In der EnEV 2007 werden Mindestanforderungen an die Identifikation des Ausstellers und die Unterschrift festgelegt. Ein Energieausweis muss eigenhändig unterschrieben sein bzw. eine Nachbildung der Unterschrift muss elektronisch eingefügt worden sein. Der Aussteller muss ebenso seine Berufsbezeichnung und Anschrift eintragen. Damit soll nachprüfbar gemacht werden, ob er überhaupt ausstellungsberechtigt war. Ein Verstoß dagegen ist eine Ordnungswidrigkeit und bußgeldbewehrt.

Für Aussteller ist keine zusätzliche Zertifizierung oder Eintragung in eine Ausstellerliste erforderlich.

# Welche Schlüsse kann man aus dem Energieausweis ziehen?

Das Muster für Energieausweise für Nichtwohngebäude ist in der Anlage 7 EnEV 2007 geregelt. Für Nichtwohngebäude ist ein vierseitiges Ausweismuster vorgesehen. Die EnEV 2007 ermöglicht die Beifügung von zusätzlichen, von der Energieeinsparverordnung nicht geforderten Angaben. Der Energieausweis vermittelt ausschließlich die Ergebnisse der Werteermittlung. Eingangsdaten oder Rechenschritte bleiben außen vor, können aber freiwillig beigefügt werden. Damit werden der Rechenweg und das Ergebnis nachprüfbar. Das könnte sich bei Streitigkeiten über die Richtigkeit des Ergebnisses als wichtig erweisen.

## Generelles zur Form der Energieausweise

Die Energieausweise für Nichtwohngebäude sollen ebenso wie für Wohngebäude bundesweit einheitlich gestaltet sein. Mit der Vorgabe der EnEV 2007, dass Energieausweise nach Inhalt und Aufbau den Mustern in den Anlagen 6 bis 9 entsprechen und bestimmte Pflichtangaben enthalten müssen, soll die formale und inhaltliche Einheitlichkeit der Energieausweise sicherstellt werden.

Das Ausweismuster enthält je ein Blatt für Bedarfs- und für Verbrauchsangaben (Blatt 2 [Bedarf] und Blatt 3 [Verbrauch] in Anlage 7 der EnEV 2007). Dieser Aufbau erlaubt es, dass in einem Ausweis, der auf einer Bedarfsermittlung basiert, auf freiwilliger Grundlage auch der Verbrauchswert angegeben werden kann.

Wenn Aushangpflicht besteht (siehe S. 110), darf entweder ein Energieausweis nach dem allgemein für Nichtwohngebäude geltenden Muster in Anlage 7 oder ein Energieausweis nach den besonderen Mustern für den Aushang in Anlage 8 bzw. 9 EnEV 2007 ausgestellt werden. Die EnEV bietet sowohl für den Bedarfsausweis als auch für den Verbrauchsausweis ein spezielles Aushangformular an, dass vom Autor für die Verwendung empfohlen wird. Der „Datenfriedhof" auf dem eigentlichen Ausweisformular ist für eine kurze und prägnante Information nicht dienlich.

## Was sagt Blatt 1 „Allgemeine Daten zum Ausweis und zum Gebäude" aus?

Die EnEV 2007 regelt die Verpflichtung des Ausstellers, die in Blatt 1 verlangten Angaben wie z. B. allgemeine Daten zu den betroffenen Gebäuden und Angaben zur Gebäudehülle (siehe Bild 14) einzutragen. Um welche Angaben es sich im Einzelnen handelt, ergibt sich aus den genannten Mustern. Das Gebäudefoto ist dabei freiwillig, dürfte aber im digitalen Zeitalter kein Problem darstellen. Zusätzlich gibt es im Formular für Nichtwohngebäude bei „Anlass der Ausstellung" auch ein Kästchen „Aushang bei öffentlichen Gebäuden".

Ein Hinweis auf den Informationscharakter der Angaben befindet sich zusammen mit weiteren, leicht verständlichen Erläuterungen im Muster nach Anlage 7.

Welche Schlüsse kann man aus dem Energieausweis ziehen? **99**

## Bild 14: Energieausweis für Nichtwohngebäude: Blatt 1

# ENERGIEAUSWEIS für Nichtwohngebäude
gemäß den §§ 16 ff. Energieeinsparverordnung (EnEV)

Gültig bis: (1)

### Gebäude

| Hauptnutzung / Gebäudekategorie | | |
|---|---|---|
| Adresse | | Gebäudefoto (freiwillig) |
| Gebäudeteil | | |
| Baujahr Gebäude | | |
| Baujahr Wärmeerzeuger | | |
| Baujahr Klimaanlage | | |
| Nettogrundfläche | | |
| Anlass der Ausstellung des Energieausweises | ☐ Neubau ☐ Vermietung / Verkauf | ☐ Modernisierung (Änderung / Erweiterung) ☐ Sonstiges (freiwillig) ☐ Aushang b. öff. Gebäuden |

### Hinweise zu den Angaben über die energetische Qualität des Gebäudes

Die energetische Qualität eines Gebäudes kann durch die Berechnung des **Energiebedarfs** unter standardisierten Randbedingungen oder durch die Auswertung des **Energieverbrauchs** ermittelt werden. **Als Bezugsfläche dient die Nettogrundfläche**.

☐ Der Energieausweis wurde auf der Grundlage von Berechnungen des **Energiebedarfs** erstellt. Die Ergebnisse sind auf **Seite 2** dargestellt. Zusätzliche Informationen zum Verbrauch sind freiwillig. Diese Art der Ausstellung ist Pflicht bei Neubauten und bestimmten Modernisierungen. Die angegebenen Vergleichswerte sind die Anforderungen der EnEV zum Zeitpunkt der Erstellung des Energieausweises **(Erläuterungen – siehe Seite 4)**.

☐ Der Energieausweis wurde auf der Grundlage von Auswertungen des **Energieverbrauchs** erstellt. Die Ergebnisse sind auf **Seite 3** dargestellt. Die Vergleichswerte beruhen auf statistischen Auswertungen.

Datenerhebung Bedarf/Verbrauch durch        ☐ Eigentümer        ☐ Aussteller

☐ Dem Energieausweis sind zusätzliche Informationen zur energetischen Qualität beigefügt (freiwillige Angabe).

### Hinweise zur Verwendung des Energieausweises

Der Energieausweis dient lediglich der Information. Die Angaben im Energieausweis beziehen sich auf das gesamte Gebäude oder den oben bezeichneten Gebäudeteil. Der Energieausweis ist lediglich dafür gedacht, einen überschlägigen Vergleich von Gebäuden zu ermöglichen.

Aussteller

Datum        eigenhändige Unterschrift des Ausstellers

*Quelle: EnEV 2007*

# Welche Angaben enthält Blatt 2 „Berechneter Energiebedarf des Gebäudes"?

**Bild 15: Energieausweis für Nichtwohngebäude: Blatt 2**

## ENERGIEAUSWEIS für Nichtwohngebäude

gemäß den §§ 16 ff. Energieeinsparverordnung (EnEV)

### Berechneter Energiebedarf des Gebäudes (2)

**Primärenergiebedarf** *„Gesamtenergieeffizienz"*

Dieses Gebäude: kWh/(m²·a) $CO_2$-Emissionen [1] kg/(m²·a)

0 100 200 300 400 500 600 700 800 900 1000 >1000

EnEV-Anforderungswert Neubau (Vergleichswert) | EnEV-Anforderungswert modernisierter Altbau (Vergleichswert)

### Nachweis der Einhaltung des § 4 oder § 9 Abs. 1 EnEV [2]

| Primärenergiebedarf | | Energetische Qualität der Gebäudehülle | |
|---|---|---|---|
| Gebäude Ist-Wert | kWh/(m²·a) | Gebäude Ist-Wert $H_T'$ | W/(m²·K) |
| EnEV-Anforderungswert | kWh/(m²·a) | EnEV-Anforderungswert $H_T'$ | W/(m²·K) |

### Endenergiebedarf

| Energieträger | Heizung | Warmwasser | Eingebaute Beleuchtung | Lüftung | Kühlung einschl. Befeuchtung | Gebäude insgesamt |
|---|---|---|---|---|---|---|
| | | | | | | |

Jährlicher Endenergiebedarf in kWh/(m²·a) für

### Aufteilung Energiebedarf

| [kWh/(m²·a)] | Heizung | Warmwasser | Eingebaute Beleuchtung | Lüftung | Kühlung einschl. Befeuchtung | Gebäude insgesamt |
|---|---|---|---|---|---|---|
| Nutzenergie | | | | | | |
| Endenergie | | | | | | |
| Primärenergie | | | | | | |

### Sonstige Angaben

**Einsetzbarkeit alternativer Energieversorgungssysteme**
☐ nach § 5 EnEV vor Baubeginn berücksichtigt

**Alternative Energieversorgungssysteme werden genutzt für:**
☐ Heizung ☐ Warmwasser ☐ Eingebaute Beleuchtung
☐ Lüftung ☐ Kühlung

**Lüftungskonzept**
Die Lüftung erfolgt durch:
☐ Fensterlüftung ☐ Lüftungsanlage ohne Wärmerückgewinnung
☐ Schachtlüftung ☐ Lüftungsanlage mit Wärmerückgewinnung

### Gebäudezonen

| Nr. | Zone | Fläche [m²] | Anteil [%] |
|---|---|---|---|
| 1 | | | |
| 2 | | | |
| 3 | | | |
| 4 | | | |
| 5 | | | |
| 6 | | | |
| ☐ weitere Zonen in Anlage | | | |

### Erläuterungen zum Berechnungsverfahren

Das verwendete Berechnungsverfahren ist durch die Energieeinsparverordnung vorgegeben. Insbesondere wegen standardisierter Randbedingungen erlauben die angegebenen Werte keine Rückschlüsse auf den tatsächlichen Energieverbrauch. Die ausgewiesenen Bedarfswerte sind spezifische Werte nach der EnEV pro Quadratmeter Nettogrundfläche. Die oben als EnEV-Anforderungswert bezeichneten Anforderungen der EnEV sind nur im Falle des Neubaus und der Modernisierung nach § 9 Abs. 1 EnEV bindend.

[1] freiwillige Angabe [2] nur in Fällen des Neubaus und der Modernisierung auszufüllen

*Quelle: EnEV 2007*

Die berechneten Bedarfsangaben werden sowohl als (ggf. gerundete) Zahlenwerte als auch anschaulich mit einer Markierung in einer Längsskala („Bandtacho" im Kästchen Primärenergiebedarf) eingetragen (siehe Bild 15). Dies ermöglicht den angestrebten überschlägigen Vergleich. Wegen der größeren Fülle an Informationen wurde nur der Jahresprimärenergiebedarf im „Bandtacho" dargestellt.

> Je günstiger die Werte sind, umso mehr rückt der Pfeil mit der Wertangabe in den linken (grünen) Bereich.

## Vergleich mit anderen Gebäuden?

Der Vergleich mit anderen Gebäuden ist im Energieausweis nach Bedarf bei Nichtwohngebäuden nicht möglich. Das liegt daran, dass ein Vergleich nur bei gleicher Nutzungsstruktur und Größe des Gebäudes möglich wäre.

### Beispiel

Ein kleines Hotel mit Frühstücksraum und wenigen Zimmern ist nicht zu vergleichen mit einem Luxushotel mit Schwimmbad, Restaurants, Ladenzeile und weiteren Ausstattungen. Beide gehören zwar zur Kategorie Hotel, haben aber völlig verschiedene Nutzungsanforderungen. Während das kleine Hotel vielleicht mit 150 kWh/m²a ein scheinbar gutes Ergebnis erzielt, benötigt das Luxushotel vielleicht 800 kWh/m²a. Es könnte allerdings sein, dass die Energieeffizienz des Luxushotels besser ist als die des kleinen Hotels, da das große Hotel völlig andere Nutzungen wie Sauna und Schwimmbad bedient. Bei Nichtwohngebäuden kann aus dem Wert noch nicht direkt auf die Effizienz geschlossen werden. Man braucht dazu einen Vergleichswert.

Bei Nichtwohngebäuden wird der Wert für den Primärenergiebedarf des Gebäudes daher mit dem Wert für die gesetzliche Anforderung verglichen.

Für den Vergleichswert gibt es zwei Angaben:

- den Anforderungswert für den Neubau und
- den Anforderungswert für ein umfassend modernisiertes Gebäude.

Erst der Vergleich des ermittelten Wertes mit dem Vergleichswert ermöglicht eine ungefähre Vorstellung über die energetische Effizienz. So ist es zielführend, den berechneten Wert mit den Anforderungswerten der EnEV 2007 zu vergleichen.

### Der „Bandtacho"

Der in der Darstellung verwendete Zahlenstrahl unterscheidet sich von dem bei Wohngebäuden durch zwei Besonderheiten.

1 Erstens ist der Endenergiebedarf nicht abgebildet (kein Platz dafür auf Blatt 2, man hätte den Endenergiebedarf für Heizung, Warmwasser, Strom für Beleuchtung etc. gesondert darstellen müssen, das steht nun in der Tabelle unter dem „Bandtacho").

2 Zweitens wird ein variabler Zahlenstrahl verwendet. Da Nichtwohngebäude in Abhängigkeit von der Nutzung sehr unterschiedliche Größenordnungen an Werten belegen können, wird durch die Berechnung immer ein angepasster Zahlenstrahl generiert. Der EnEV-Anforderungswert steht immer nach ca. einem Drittel am Ende des linken (grünen)

Bereichs. Dementsprechend ergibt sich die Gesamtlänge des „Bandtachos" bzw. seine Einteilung.

Blatt 2 enthält sowohl eine Übersicht zum Endenergiebedarf als auch eine Tabelle zur Aufteilung des Energiebedarfs auf die Energieanteile für Heizung, Warmwasser, eingebaute Beleuchtung, Lüftung und Kühlung inkl. Befeuchtung. Dies ist aus Sicht des Eigentümers durchaus eine nützliche Darstellung. Erkennt er doch so, wo ggf. bei den Bemühungen zur Verringerung des Energiebedarfs angesetzt werden muss. Es kann grob abgeschätzt werden, ob Investitionen zur Reduzierung bestimmter Energiebedarfsanteile wirtschaftlich sinnvoll sind.

## Gebäudezonen

Im Gegensatz zu den Energieausweisen für Wohngebäude befindet sich im Energieausweis für Nichtwohngebäude eine Tabelle, in der die einbezogenen Gebäudezonen beschrieben sind. Das ist bei den Wohngebäuden nicht notwendig, da dort nur eine Zone – für das Wohnen – unterstellt wird. Da die unterschiedlichen Nutzungen in den einzelnen Zonen Rückwirkungen auf den Energiebedarf haben, ist es wichtig, die Zoneneinteilung auch im Energieausweis darzustellen.

# Was beinhaltet Blatt 3 „Erfasster Energieverbrauch des Gebäudes"?

**Bild 16: Energieausweis für Nichtwohngebäude: Blatt 3**

## ENERGIEAUSWEIS für Nichtwohngebäude

gemäß den §§ 16 ff. Energieeinsparverordnung (EnEV)

### Erfasster Energieverbrauch des Gebäudes (3)

#### Heizenergieverbrauchskennwert (einschließlich Warmwasser)

Dieses Gebäude: kWh/(m²·a)

0  100  200  300  400  500  600  700  800  900  1000  >1000

↑ Häufigster Wert dieser Gebäudekategorie für Heizung und Warmwasser (Vergleichswert) ¹)

#### Stromverbrauchskennwert

Dieses Gebäude: kWh/(m²·a)

0  100  200  300  400  500  600  700  800  900  1000  >1000

↑ Häufigster Wert dieser Gebäudekategorie für Strom (Vergleichswert) ¹)

Der Wert enthält den Stromverbrauch für
☐ Heizung  ☐ Warmwasser  ☐ Lüftung  ☐ eingebaute Beleuchtung  ☐ Kühlung  ☐ Sonstiges:

#### Verbrauchserfassung – Heizung und Warmwasser

| Energieträger | Zeitraum von | bis | Brennstoffmenge [kWh] | Anteil Warmwasser [kWh] | Klimafaktor | Energieverbrauchskennwert in kWh/(m²·a) (zeitlich bereinigt, klimabereinigt) Heizung | Warmwasser | Kennwert |
|---|---|---|---|---|---|---|---|---|
| | | | | | | | | |
| | | | | | | | | |
| | | | | | | | Durchschnitt | |

#### Verbrauchserfassung – Strom

| Zeitraum von | bis | Ablesewert [kWh] | Kennwert [kWh/(m²·a)] |
|---|---|---|---|
| | | | |
| | | | |

#### Gebäudekategorie

Gebäudekategorie

Sonderzonen

#### Erläuterungen zum Verfahren

Das Verfahren zur Ermittlung von Energieverbrauchskennwerten ist durch die Energieeinsparverordnung vorgegeben. Die Werte sind spezifische Werte pro Quadratmeter Nettogrundfläche. Der tatsächliche Verbrauch eines Gebäudes weicht insbesondere wegen des Witterungseinflusses und des ändernden Nutzerverhaltens von den angegebenen Kennwerten ab.

¹) veröffentlicht im Bundesanzeiger / Internet durch das Bundesministerium für Verkehr, Bau und Stadtentwicklung und das Bundesministerium für Wirtschaft und Technologie

*Quelle: EnEV 2007*

Blatt 3 des Energieausweises für Nichtwohngebäude beinhaltet zwei Zahlenstrahlen:

- für den Heizenergieverbrauchskennwert und
- für den Stromverbrauchskennwert.

## Energieverbrauchswert

Der „Bandtacho" für die Energieverbrauchskennwerte ist in seiner Darstellungsform ähnlich der Bedarfsbewertung.

Geringer Energieverbrauch bedeutet, dass der Pfeil weit links (im grünen Bereich) liegt, während bedenklich hoher Verbrauch rechts (im roten Bereich) angeordnet ist (siehe Bild 16).

## Stromverbrauchswert

Da es bei Nichtwohngebäuden notwendig ist, auch die Energie für Lüftungsanlagen, eingebaute Beleuchtung und Kühlung anzugeben, war die Angabe des Stromverbrauchskennwertes unumgänglich. Diese Systeme werden ganz überwiegend durch elektrischen Storm betrieben. Auch Warmwasser und Heizenergie können ggf. mit Hilfe des elektrischen Stroms bereitgestellt werden.

Unterhalb des „Bandtachos" für den Stromverbrauchskennwert ist die Möglichkeit gegeben, den Stromverbrauch entsprechend seiner Verwendung für Heizung, Warmwasser, Lüftung, eingebaute Beleuchtung und Kühlung zuzuweisen. Andererseits ist klar, dass die einzelnen Energiebedarfsträger nicht gesondert mit Messgeräten erfasst werden. In der Regel gibt es einen Stromzähler für das gesamte Gebäude. Das heißt, dass im Stromverbrauchskennwert mehr Verbraucher eingeschlossen werden als nach der EnEV 2007 notwendig wären.

**Beispiel**

 Das sind z. B. Bürogeräte, mobile Lampen, Fahrstühle und Fahrtreppen und vieles andere mehr.

Ein Herausrechnen der nicht benötigten Verbrauchsanteile ist nicht möglich, selbst eine hinreichend genaue Abschätzung benötigt unverhältnismäßig hohen Rechenaufwand.

## Vergleichswerte

Beim Vergleich der Verbrauchskennwerte mit dem Vergleichswert werden die beschriebenen Nachteile etwas ausgeglichen. Die Vergleichswerte wurden durch statistische Erfassungen und Aufbereitung von Verbrauchsdaten für viele Gebäudekategorien ermittelt. Auch bei den Vergleichswerten können nicht haargenau nur die nach der EnEV 2007 verlangten Verbräuche dargestellt werden. Insbesondere beim Strom sind hier wegen anderer Verbraucher Abweichungen möglich. Dennoch ergibt sich eine erste überschlägliche energetische Bewertung des Gebäudes.

Sollten allerdings Sonderzonen dabei sein, die einen besonders hohen Strombedarf haben, der nicht den von der EnEV 2007 geforderten Bedarfsanteilen entspricht, sind ggf. Falscheinschätzungen möglich.

## Beispiel

 Dies könnte z. B. bei einem Rechenzentrum, das sich in einem Bürogebäude befindet, der Fall sein. Wenn der Strom für das Rechenzentrum nicht gesondert erfasst wird, geht er in den allgemeinen Stromverbrauchskennwert ein.

Da eine Bereinigung nicht möglich ist, kann man eine solche „Schieflage" der Daten nur erläutern. Dazu ist im Kasten „Gebäudekategorie" des Blattes 3 entsprechender Platz vorgesehen.

Für die Verbrauchserfassung und -bewertung sind entsprechende Tabellen für Heizung und Warmwasser sowie Strom vorgesehen. In der Tabelle „Heizung und Warmwasser" kann die entsprechende Witterungsbereinigung nachvollzogen werden. Strom wird nicht bereinigt.

Über die zu verwendenden Vergleichswerte der dargestellten Gebäudekategorie kann nicht der Aussteller entscheiden. Es müssen Werte verwendet werden, die durch das Bundesministerium für Verkehr, Bau und Stadtentwicklung im Bundesanzeiger und im Internet veröffentlicht wurden.

# Welche Aussagen trifft Blatt 4 „Erläuterungen"?

Blatt 4 des Energieausweises soll Begriffe und Methoden übersichtlich erläutern. Die Erläuterungen sollen zum besseren Verständnis der Formulare beitragen (siehe Bild 17).

## Bild 17: Energieausweis für Nichtwohngebäude: Blatt 4

# ENERGIEAUSWEIS für Nichtwohngebäude

gemäß den §§ 16 ff. Energieeinsparverordnung (EnEV)

### Erläuterungen

**Energiebedarf – Seite 2**
Der Energiebedarf wird in diesem Energieausweis durch den Jahres-Primärenergiebedarf und den Endenergiebedarf für die Anteile Heizung, Warmwasser, eingebaute Beleuchtung, Lüftung und Kühlung dargestellt. Diese Angaben werden rechnerisch ermittelt. Die angegebenen Werte werden auf der Grundlage der Bauunterlagen bzw. gebäudebezogener Daten und unter Annahme von standardisierten Randbedingungen (z. B. standardisierte Klimadaten, definiertes Nutzerverhalten, standardisierte Innentemperatur und innere Wärmegewinne usw.) berechnet. So lässt sich die energetische Qualität des Gebäudes unabhängig vom Nutzerverhalten und der Wetterlage beurteilen. Insbesondere wegen standardisierter Randbedingungen erlauben die angegebenen Werte keine Rückschlüsse auf den tatsächlichen Energieverbrauch.

**Primärenergiebedarf – Seite 2**
Der Primärenergiebedarf bildet die Gesamtenergieeffizienz eines Gebäudes ab. Er berücksichtigt neben der Endenergie auch die so genannte „Vorkette" (Erkundung, Gewinnung, Verteilung, Umwandlung) der jeweils eingesetzten Energieträger (z. B. Heizöl, Gas, Strom, erneuerbare Energien etc.). Kleine Werte signalisieren einen geringen Bedarf und damit eine hohe Energieeffizienz und eine die Ressourcen und die Umwelt schonende Energienutzung.
Die angegebenen Vergleichswerte geben für das Gebäude die Anforderungen der Energieeinsparverordnung an, die zum Zeitpunkt der Erstellung des Energieausweises galt. Sie sind im Falle eines Neubaus oder der Modernisierung des Gebäudes nach § 9 Abs. 1 EnEV einzuhalten. Bei Bestandsgebäuden dienen sie der Orientierung hinsichtlich der energetischen Qualität des Gebäudes. Zusätzlich können die mit dem Energiebedarf verbundenen $CO_2$-Emissionen des Gebäudes freiwillig angegeben werden.

**Endenergiebedarf – Seite 2**
Der Endenergiebedarf gibt die nach technischen Regeln berechnete, jährlich benötigte Energiemenge für Heizung, Warmwasser, eingebaute Beleuchtung, Lüftung und Kühlung an. Er wird unter Standardklima und -nutzungsbedingungen errechnet und ist ein Maß für die Energieeffizienz eines Gebäudes und seiner Anlagentechnik. Der Endenergiebedarf ist die Energiemenge, die dem Gebäude bei standardisierten Bedingungen unter Berücksichtigung der Energieverluste zugeführt werden muss, damit die standardisierte Innentemperatur, der Warmwasserbedarf, die notwendige Lüftung und eingebaute Beleuchtung sichergestellt werden können. Kleine Werte signalisieren einen geringen Bedarf und damit eine hohe Energieeffizienz.

**Energetische Qualität der Gebäudehülle – Seite 2**
Angegeben ist der spezifische, auf die wärmeübertragende Umfassungsfläche bezogene Transmissionswärmetransferkoeffizient (Formelzeichen in der EnEV: $H_T'$). Er ist ein Maß für die durchschnittliche energetische Qualität aller wärmeübertragenden Umfassungsflächen (Außenwände, Decken, Fenster, etc.) eines Gebäudes. Kleine Werte signalisieren einen guten baulichen Wärmeschutz.

**Heizenergie- und Stromverbrauchskennwert (Energieverbrauchskennwerte) – Seite 3**
Der Heizenergieverbrauchskennwert (einschließlich Warmwasser) wird für das Gebäude auf der Basis der Erfassung des Verbrauchs ermittelt. Das Verfahren zur Ermittlung von Energieverbrauchskennwerten ist durch die Energieeinsparverordnung vorgegeben. Die Werte sind spezifische Werte pro Quadratmeter Nettogrundfläche nach Energieeinsparverordnung. Über Klimafaktoren wird der erfasste Energieverbrauch hinsichtlich der örtlichen Wetterdaten auf ein standardisiertes Klima für Deutschland umgerechnet. Der ausgewiesene Stromverbrauchskennwert wird für das Gebäude auf der Basis der Erfassung des Verbrauchs oder der entsprechenden Abrechnung ermittelt. Die Energieverbrauchskennwerte geben Hinweise auf die energetische Qualität des Gebäudes. Kleine Werte signalisieren einen geringen Verbrauch. Ein Rückschluss auf den künftig zu erwartenden Verbrauch ist jedoch nicht möglich. Der tatsächliche Verbrauch einer Nutzungseinheit oder eines Gebäudes weicht insbesondere wegen des Witterungseinflusses und sich ändernden Nutzerverhaltens oder sich ändernden Nutzungen vom angegebenen Energieverbrauchskennwert ab.
Die Vergleichswerte („Häufigster Wert in dieser Gebäudekategorie") ergeben sich durch die Beurteilung gleichartiger Gebäude. Dazu wurden die Daten von einer größeren Anzahl Gebäude ermittelt und bewertet. Der Vergleichswert ist dabei der häufigste Wert (flächengewichteter Mittelwert) aus der statistischen Verteilung. Kleinere Verbrauchswerte als der Vergleichswert signalisieren eine gute energetische Qualität im Vergleich zum Gebäudebestand dieses Gebäudetyps. Die Vergleichswerte werden durch das Bundesministerium für Verkehr, Bau und Stadtentwicklung und das Bundesministerium für Wirtschaft und Technologie bekannt gegeben.

*Quelle: EnEV 2007*

# Bild 18: Energieausweis für Nichtwohngebäude: Aushangformular Bedarfsausweis

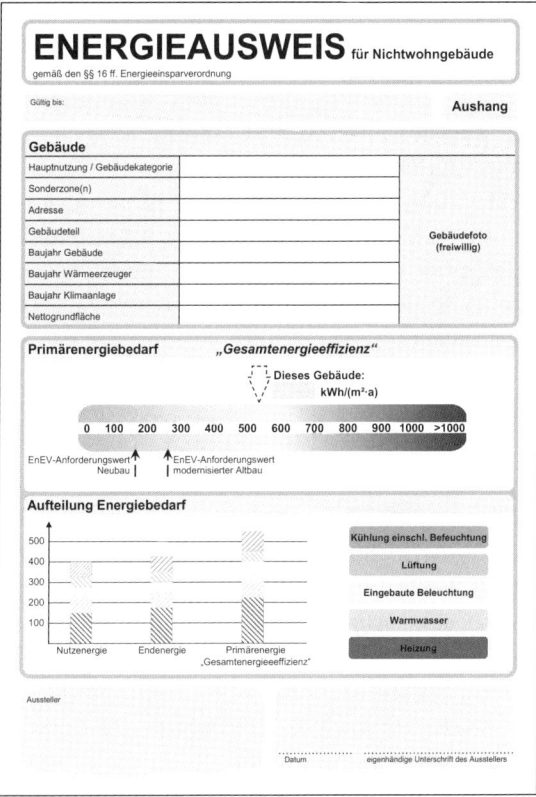

*Quelle: EnEV 2007*

# Aushangformulare für Nichtwohngebäude

Zum Aushang verpflichtet bei „öffentlichen Gebäuden" ist der Eigentümer. Dies gilt auch im Falle der Anmietung von Flächen durch eine Behörde.

Ausgehängt werden darf entweder ein Energieausweis nach dem allgemein für Nichtwohngebäude geltenden Muster in Anlage 7 EnEV 2007, oder ein Energieausweis nach den besonderen Aushang-Mustern in Anlage 8 bzw. 9. Letztere sind zu empfehlen, da sie wesentlich plakativer und verständlicher sind, als die umfangreichen zahlenmäßigen Darstellungen im eigentlichen Energieausweis. Für den Aushang wurden jeweils ein Formular für den Bedarfsausweis und ein Formular für den Verbrauchsausweis in der EnEV 2007 bereitgestellt.

## Aushang beim Bedarfsausweis

Beim Bedarfsausweis wird im Aushang der „Bandtacho" des Primärenergiebedarfs einschließlich seiner Vergleichswerte dargestellt (siehe Bild 18). Als weitergehende Information ist die Aufteilung des Energiebedarfs nach Nutzenergie, Endenergie und Primärenergie als Balkendiagramm aufbereitet. Diese Darstellung ist eher für den interessierten und geübten Interessenten gedacht. Durch die Unterschiede von Nutz- zu End- und Primärenergie kann der Profi schnell die Umwandlungsverluste des Energieträgers und die Verluste durch Technik erkennen. Darüber hinaus sind die Anteile des Energiebedarfs für Heizung, Warmwasser, eingebaute Beleuchtung, Lüftung und Kühlung sichtbar.

## Aushang beim Verbrauchsausweis

Das Aushangformular für den Verbrauchsausweis enthält die beiden „Bandtachos" für den Heizenergieverbrauchs- und den Stromverbrauchskennwert einschließlich der entsprechenden Vergleichswerte der Gebäudekategorie (Bild 19, siehe nächste Seite).

Da die Aushangformulare „gut sichtbar" ausgehängt werden sollen, empfiehlt es sich, sie in etwa der Größe A 3/A 2 auszudrucken und gut zu platzieren.

### Beispiel

 In der Regel sollten die Formulare daher im Eingangsbereich ausgehängt werden.

# Bild 19: Energieausweis für Nichtwohngebäude: Aushangformular Verbrauchsausweis

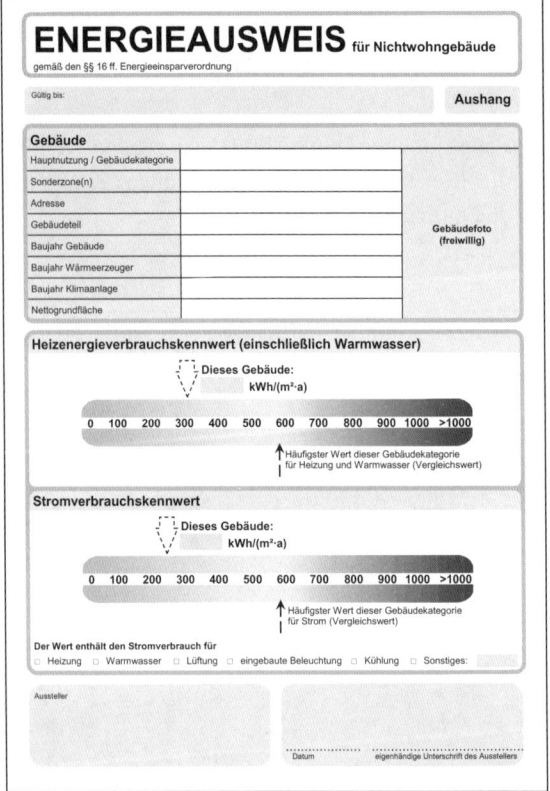

*Quelle: EnEV 2007*

# Durchführung der neuen Regeln

Der Gesetzgeber hat auch für Energieausweise Mechanismen zur Durchführung in der Praxis und ggf. notwendiger Kontrolle geschaffen. Sie sollen für einen reibungslosen Vollzug sorgen und den Verbraucher schützen.

In diesem Kapitel lesen Sie,

- welche Behörden Ansprechpartner bei Problemen sind (S. 114 und S. 118) und
- welche Bußgelder drohen, wenn die neuen Regeln nicht eingehalten werden (S. 115 ff.).

# Zuständig: Die Länder

Die EnEV gehört ebenso wie das Energieeinsparungsgesetz zum Recht der Wirtschaft. Für diese Verordnung ist allein der Bund zuständig.

Der Vollzug der Verordnung ist jedoch Angelegenheit der Bundesländer.

Die EnEV 2007 gilt auch ohne weitere Bestimmung der Länder und ist von den betroffenen Bauherrn und Eigentümern zwingend anzuwenden. Die Länder können allerdings Durchführungsbestimmungen erlassen, die insbesondere

- die Vorlage und Prüfung von Nachweisen,
- Zuständigkeiten von Behörden und Sachverständigenstellen im Vollzug,
- die Kontrolle der durchzuführenden Maßnahmen,
- die Kontrolle der Ausstellung von Energieausweisen sowie
- Fragen in Bezug auf Ausnahmen und Befreiung sowie Ahndung von Ordnungswidrigkeiten

regeln. Solche Bestimmungen dienen z. B. der Rechtssicherheit und Klarheit im bauaufsichtlichen Verfahren. In den meisten Ländern bestehen deshalb bereits jetzt entsprechende Verordnungen zur alten Energieeinsparverordnung. Andere Länder regeln durch Erlasse.

Zum Zeitpunkt der Skripterstellung waren neuere Länderverordnungen und Erlasse noch nicht verfügbar. Bei Unklarheiten und Anfragen sollte man sich jedoch in der Regel an die oberste Bauaufsicht des zuständigen Bundeslandes (siehe S. 118) wenden.

Die Bundesländer haben darüber hinaus gemeinsam mit der Bundesregierung eine Projektgruppe zur Durchführung der Energieeinsparverordnung beim Deutschen Institut für Bautechnik (DIBt) eingerichtet. Anfragen und Auslegungen zur Verordnung von grundlegender Bedeutung werden dort gemeinschaftlich analysiert. Offizielle Auslegungen werden in den Mitteilungen des Deutschen Instituts für Bautechnik veröffentlicht. Diese Auslegungen sind Grundlage für ein gemeinschaftliches Verwaltungshandeln der obersten Bauaufsichtsbehörden der Länder. Sie sind kein unmittelbares Recht, sondern harmonisieren lediglich den Vollzug der EnEV 2007.

# Das führt zu Bußgeldern

Das Energieeinspargesetz enthält eine Ermächtigung, nach der bestimmte Verstöße gegen die hier dargestellten Regelungen eine Ordnungswidrigkeit sein und in einem Bußgeld münden können. Mit der Änderung des Energieeinspargesetzes im Jahre 2005 wurde die Höhe der Bußgelder im Hinblick auf die allgemeine Kaufkraftentwicklung angepasst und der Rahmen der Ordnungswidrigkeiten erweitert.

Für folgende Ordnungswidrigkeiten besteht in der EnEV 2007 folgender Bußgeldkatalog:

| Sachverhalt | Bußgeldsumme (in EUR) |
|---|---|
| Eine nicht oder nicht rechtzeitig durchgeführte energetische Inspektion der Klimaanlage | bis zu 50.000 |
| Durchführung einer energetischen Inspektion der Klimaanlage durch eine nichtfachkundige Person | bis zu 50.000 |
| Einbau und Aufstellung eines Heizkessels ohne CE-Kennzeichnung nach Bauproduktengesetz und EU-Wirkungsgradrichtlinie | bis zu 50.000 |
| Nicht oder nicht rechtzeitige Ausstattung einer Zentralheizung mit einer zentralen selbsttätigen Reglung, einer heizungstechnische Anlage mit raumweisen Reglungen oder einer Umwälzpumpe mit selbsttätigen Einrichtungen zur Ein- und Ausschaltung | bis zu 50.000 |
| Nicht oder nicht rechtzeitige Begrenzung der Wärmeabgabe von Wärmeverteilungs- oder Warmwasserleitungen oder Armaturen (Rohrleitungsdämmung) | bis zu 50.000 |
| Nicht oder nicht vollständige Energieausweise zugänglich machen | bis zu 15.000 |
| Ausstellung eines Energieausweises oder einer Modernisierungsempfehlung durch eine nicht berechtigte Person | bis zu 15.000 |

Der Ordnungswidrigkeit muss Vorsatz oder Fahrlässigkeit zugrunde liegen, um geahndet zu werden. Die Festlegung von Bußgeldern, insbesondere die Höhe, obliegt den nach Landesrecht zuständigen Behörden.

In Streitfällen sollte man sich bei Anlass zur Beschwerde an die nach Landesrecht zuständige Behörde wenden. Da noch keine Durchführungsbestimmungen der Länder bestehen, können derzeit noch keine Behörden als konkrete Ansprechpartner benannt werden. In jedem Fall kann man sich an die Oberste Bauaufsichtsbehörde (siehe S. 118) mit der Bitte um Klärung wenden.

# Ansprechpartner

## Oberste Bauaufsichtsbehörden
## (Ansprechpartner für den Vollzug der EnEV)

Wirtschaftsministerium Baden-Württemberg
Theodor Heuss Str. 4
70174 Stuttgart
Postadresse:
Postfach 277
70020 Stuttgart
Tel.: 0711-1230
Fax: 0711-123-2126

Oberste Baubehörde im
Staatsministerium des Innern
des Freistaates Bayern
Fran-Josef-Strauss-Ring 4
80539 München
Tel.: 089-219202
Fax: 089-219213281

Senatsverwaltung für Stadtentwicklung Berlin
Referat VI D - Oberste Bauaufsicht
Württembergische Straße 6
10702 Berlin
Tel.: 030-9012-5705
Fax: 030-9028-3244

Ministerium für Infrastruktur und Raumordnung (MIR)
des Landes Brandenburg
Oberste Bauaufsicht (Referat 24)
Henning-von-Tresckow-Str. 2-8
D-14467 Potsdam
Tel.: 0331-866-8330
Fax: 0331-866-8368

Der Senator für Umwelt, Bau, Verkehr und Europa
der Freien Hansestadt Bremen
FB-01- Bautechnik
Ansgaritorstraße 2
28195 Bremen
Tel.: 0421-361-2407
Fax: 0421-361-2050

Behörde für Stadtentwicklung und Umwelt
der Freien und Hansestadt Hamburg
Stadthausbrücke 8
20355 Hamburg
Postadressse:
Postfach 30 05 80, 20302 Hamburg
Tel.: 040-42840-0
Fax: 040-42840-3196

Hessisches Ministerium für Wirtschaft, Verkehr und
Landesentwicklung
Referat VI 2
Kaiser-Friedrich-Ring 75
65185 Wiesbaden
Postadresse:
Postfach 3129
65021 Wiesbaden
Tel.: 0611-815-0
Fax: 0611-815-2225

Ministerium für Verkehr, Bau und Landesentwicklung
des Landes Mecklenburg-Vorpommern
Abteilung 2
Schloßstraße 6-8
19053 Schwerin
Postadresse:
19048 Schwerin
Tel.: 0385-588-0
Fax: 0385-588-8099

Niedersächsisches Ministerium für Soziales, Frauen, Familie und Gesundheit
Hinrich-Wilhelm-Kopf-Platz 2
Referat 505
30159 Hannover
Tel.: 0511-120-0
Fax: 0511-120-4298

Ministerium für Bauen und Verkehr
des Landes Nordrhein-Westfalen
Gruppe VI A
Elisabethstraße 5-11
40217 Düsseldorf
Postadresse:
40190 Düsseldorf
Tel.: 0211-3843-0
Fax: 0211-3843-601

Ministerium der Finanzen Rheinland-Pfalz
Referatsgruppe Baurecht und Bautechnik
Kaiser-Friedrich-Straße 5
55116 Mainz
Tel.: 06131-16-0
Fax: 06131-16-4331

Ministerium für Umwelt des Saarlandes
C/5b Bauaufsicht
Keplerstraße 18
66117 Saarbrücken
Tel.: 0681-501-00
Fax: 0681-501-4521

Sächsisches Staatsministerium
des Innern
Referat 53
Wilhelm-Buck-Straße 2
01097 Dresden

Postadresse:
01095 Dresden
Tel.: 0351-564-0
Fax: 0351-564-3199

Ministerium für Landesentwicklung und Verkehr
des Landes Sachsen-Anhalt
Turmschanzenstraße 30
39114 Magdeburg
Tel.: 0391-567-01
Fax: 0391-567-7510

Innenministerium Schleswig-Holstein
Düsternbrooker Weg 92
24105 Kiel
Tel.: 0431-988-0
Fax: 0431-988-2833

Thüringer Ministerium für Bau und Verkehr
Werner-Seelenbinder-Straße 8
99096 Erfurt
Tel.: 0361-37-91220

## Auslegungsgruppe zur EnEV

Deutsches Institut für Bautechnik (DIBt)
Projektgruppe EnEV
Kolonnenstr. 30 L
10829 Berlin
Tel.: 030-78730-0
Fax: 030-78730-320

## Unabhängige Energieberatung

Deutsche Energie-Agentur GmbH (dena)
Chausseestr. 128a
10115 Berlin

Tel.: 030-726165-600
Fax: 030-726165-699
Kostenlose 24-Stunden Info-Hotline:
08000-736734

Verbraucherzentrale Bundesverband e.V.
Markgrafenstr. 66
10969 Berlin
Tel.: 030-25800-0
Fax: 030-25800-518

Bundesingenieurkammer
Kochstr. 22
10969 Berlin
Tel.: 030-25342900
Fax: 030-25342903

Bundesarchitektenkammer
Askanischer Platz 4
10963 Berlin
Tel.: 030-263944-0
Fax: 030-263944-90

# Nützliche Internetadressen

## Institutionen

www.bmvbs.de (Bundesministerium für Verkehr, Bau und Stadtentwicklung)
www.bbr.bund.de (Bundesamt für Bauwesen und Raumordnung)
www.dibt.de (Deutsches Institut für Bautechnik)
www.vzbv.de (Verbraucherzentrale-Bundesverband)

## Energieberatungsportale

www.zukunft-haus.info
www.dena-energieausweis.de
www.thema-energie.de
www.stromeffizienz.de
www.kompetenzzentrum-iemb.de
www.energieagenturen.de
www.deutsches-energieberaternetzwerk.de
www.enev-online.de
www.energiefoerderung.info
www.bine.info
www.gre-online.de

## Förderprogramm des Bundes für energetische Sanierung

www.kfw-foerderbank.de
www.bmwi.de
www.bafa.de (Vor-Ort-Energiesparberatung)

# Stichwortverzeichnis

Altbauten 6
An- und Ausbau 27
Aushangpflicht 110
Aussteller von Energieausweisen 72
Ausweispflicht
- Wohngebäude 24
- Nichtwohngebäude 84

Bauherren 25
Bedarfsausweise
- Wohngebäude 32
- Nichtwohngebäude 90
Bedarfsermittlung 63
Beginn, Ausweispflicht 29
Behörden 114
Berechnung
- Energiebedarf 55
- Energieverbrauch 66
Bestandsgebäude 15
Bestehende Ausweise 30
Bußgeld 115

Denkmal 26

Eigentümerwechsel 81
Einsichtsberechtigte 28
Energieausweis, Definition 6
Energie sparen 13
Entstehungsgeschichte 9

Formulare 42
Fortgeltung alter Ausweise 30

Generalunternehmer 25

Inhalt der Energieausweise 42, 97

Kosten 77

Mietverhältnisse 81
Modernisierung 27
Modernisierungshinweise 68

Neubau 13
Nichtwohngebäude 84

öffentliche Gebäude 87

Rechtsfolgen 81

Übergangsregelungen 30
Umbauten 27

Verbrauchsausweise
- Wohngebäude 36
- Nichtwohngebäude 91

Verbrauchsermittlung 66
Verkauf und Vermietung 81
Verstoß gegen EnEV 116
Vorlagepflicht 28

Wohnungen 22

Zweck von Energieausweisen 6

**Bibliografische Information der Deutschen Bibliothek**
Die Deutsche Bibliothek verzeichnet diese Publikation in der Deutschen Nationalbibliografie; detaillierte bibliografische Daten sind im Internet über http://dnb.ddb.de abrufbar.

ISBN 978-3-448-07766-7
Bestell-Nr. 00903-0001

© 2007, Rudolf Haufe Verlag GmbH & Co. KG, Niederlassung Planegg b. München
Postanschrift: Postfach, 82142 Planegg
Hausanschrift: Fraunhoferstraße 5, 82152 Planegg
Fon (0 89) 8 95 17-0, Fax (0 89) 8 95 17-2 50
E-Mail: online@haufe.de
Internet: www.haufe.de
Redaktion: Jürgen Fischer

Alle Rechte, auch die des auszugsweisen Nachdrucks, der fotomechanischen Wiedergabe (einschließlich Mikrokopie) sowie der Auswertung durch Datenbanken oder ähnliche Einrichtungen vorbehalten.

**Gesamtbetreuung:** Sylvia Rein, 81379 München
**Lektorat:** Nicole Jähnichen, 80333 München
**Umschlaggestaltung:** Simone Kienle, 70182 Stuttgart
**Umschlagentwurf:** Agentur Buttgereit & Heidenreich, 45721 Haltern am See
**Druck:** freiburger graphische betriebe, 79108 Freiburg

# Der Autor

## Hans-Dieter Hegner

ist Baudirektor im Bundesministerium für Verkehr, Bau und Stadtentwicklung. Er leitet dort das Referat für Bauingenieurswesen, Nachhaltiges Bauen, Bauforschung und baupolitische Ziele. Der Diplom-Ingenieur befasst sich seit vielen Jahren mit Fragen des energiesparenden Bauens und den entsprechenden öffentlich-rechtlichen Regelungen. Er ist Autor zahlreicher Fachbücher und -artikel.

# Weitere Literatur

„Der neue Energieausweis für Vermieter", von Georg Hopfensperger, 160 Seiten, mit CD-ROM, € 16,80
ISBN 978-3-448-07577-9, Bestell-Nr. 06339-0001

„Der Energieausweis für Gebäude – für Vermieter, Verwalter und Eigentümer", von Georg Hopfensperger, 300 Seiten, mit CD-ROM, € 29,80, ISBN 978-3-448-07262-4, Bestell-Nr. 06328-0001

# Clever planen.
# Traumhaft wohnen.

Lohnt es sich, in eine Immobilie zu investieren? Sie finden Vergleiche mit anderen Anlageformen, Checks zu steuerlichen Abschreibungsmöglichkeiten und Zinsbelastungen, sowie alles über mögliche Risiken bei der Vermietung.

250 Seiten | Broschur | € 29,80 [D]
ISBN 978-3-448-08601-0

**Auf CD-ROM:**
▶ Rechts- und Kostenchecks, Musterbriefe und –verträge.

**Erhältlich in Ihrer Buchhandlung oder direkt beim Verlag:**
bestellung@haufe.de    Tel   0180 / 50 50 440*
www.haufe.de    Fax   0180 / 50 50 441*
* 0,14 €/Minute. Ein Service von dtms.

**Haufe**

# TaschenGuides – Qualität entscheidet

Bereits erschienen:

- **Der Betrieb in Zahlen**
  - 400 € Mini-Jobs
  - Balanced Scorecard
  - Betriebswirtschaftliche Formelsammlung
  - Bilanzen lesen
  - Buchführung
  - Businessplan
  - BWL Grundwissen
  - BWL – die 100 wichtigsten Fakten
  - Controllinginstrumente
  - Deckungsbeitragsrechnung
  - Einnahmen-Überschussrechnung
  - Finanz- und Liquiditätsplanung
  - Die GmbH
  - IFRS
  - Kaufmännisches Rechnen
  - Kennzahlen
  - Kleines Lexikon Rechnungswesen
  - Kontieren und buchen
  - Kostenrechnung
  - Kleine mathematische Formelsammlung

- **Mitarbeiter führen**
  - Besprechungen
  - Führungstechniken
  - Die häufigsten Managementfehler
  - Management
  - Managementbegriffe
  - Mitarbeitergespräche
  - Moderation
  - Motivation
  - Projektmanagement
  - Spiele für Workshops und Seminare
  - Teams führen

- **Karriere**
  - Assessment Center
  - Existenzgründung
  - Ich-AG – mit Gründerzuschuss selbstständig
  - Jobsuche und Bewerbung
  - Vorstellungsgespräche

- **Geld und Specials**
  - Sichere Altersvorsorge
  - IGeL – Medizinische Zusatzleistungen
  - Immobilien erwerben
  - Immobilienfinanzierung
  - Die neue Rechtschreibung
  - Eher in Rente
  - Web 2.0
  - Zitate für Beruf und Karriere
  - Zitate für besondere Anlässe

- **Persönliche Fähigkeiten**
  - Allgemeinwissen Schnelltest
  - Ihre Ausstrahlung
  - Business-Knigge – die 100 wichtigsten Benimmregeln
  - Mit Druck richtig umgehen
  - Emotionale Intelligenz
  - Entscheidungen treffen
  - Fitness für Beruf und Karriere
  - Gedächtnistraining
  - Glück!
  - IQ-Tests
  - Knigge für Beruf und Karriere
  - Knigge fürs Ausland
  - Kreativitätstechniken
  - Manipulationstechniken
  - Mind Mapping
  - Nein sagen
  - NLP
  - Schneller lesen
  - Selbstmanagement
  - Sich durchsetzen
  - Soft Skills
  - Stress ade
  - Verhandeln
  - Yoga für Beruf und privat
  - Zeitmanagement